대한민국에 건축은 없다

대한민국에 건축은 없다 / 지은이: 이상헌. ──
파주 : 효형출판, 2013
    p. ; cm

ISBN 978-89-5872-120-8 03540 : ₩16,000

건축[建築]

540.1-KDC5
690.1-DDC21                    CIP2013009993

한국건축의 새로운 타이폴로지 찾기

# 대한민국에 건축은 없다

이상헌 지음

효형출판

나는 어려서부터 건축가의 꿈을 가지고 있었다. 구체적인 계기는 정확히 기억나지 않지만 초등학교 시절 친구 집에 놀러갔을 때부터였던 것 같다. 당시 방에는 대학생이던 친구 형의 T자와 삼각자, 그리고 연필 스케치에 수채화 물감으로 예쁘게 채색한 건축 투시도가 걸려 있었다. 그때 이 생소한 물건들이 나에게 특별한 느낌으로 다가왔던 기억이 지금도 생생하다. 그 후 언제부터인가 나는 건축의 매력에 푹 빠졌고 건축가가 되는 것을 장래 희망으로 삼았다.

자연스레 나는 건축과가 속한 공과대학에 진학했다. 그리고 당시 학사 운영 방식에 따라 공통과정 1년을 마친 후 전공을 선택할 때 1, 2, 3지망 모두 건축과에 지원해 건축학도의 길을 걷기 시작했다. 하지만 건축을 전공하면서 건축의 학문적 체계가 부실하다는 사실을 아는 데는 그리 오랜 시간이 걸리지 않았다. 학교에서는 건축가라는 직업에 대한 꿈, 즉 건축가가 얼마나 멋있는 직업인가에 대한 환상은 불어넣었지만 건축설계에 대한 체계적인 교육은 하지 않았다. 건축과 졸업생의 대부분은 건설회사에, 일부는 설계사무소에 취직했지만 교육과정은 진로와 무관하게 동일했다. 건축가로서 필요한 설계 실무능력은 도제교육처럼 설계사무소에서 배우는 것이 관행이었다. 실제로 설계사무소에서는 신입사원에게 설계도면을 베끼는 일부터 가르쳤다.

　　대학을 졸업한 후 부푼 꿈을 안고 설계사무소에 취업했다. 그러나 건축에 대한 지적 갈증을 채울 수 없는 것은 사무실에서도 마찬가지였다. 사무실에서 맞부딪힌 설계와 도면작업은 지루하고 단순한 기술이자 기능처럼 느껴졌다. 프로젝트가 주어져 설계를 할 때는 외국의 건축잡지에 실린 이미지가 중요한 참조물이었다. 설계 과제가 주어지면 일단 유사한 기능의 건축물이 실린 외국 잡지를 모으는 일부터 시작했다. 설계 개념과 의도를 설명하는 이론적 글을 접할 수는 있었지만, 그 내용을 이해하기에는 내가 가진 건축 기초 지식이 너무 부족했다. 그렇게 수년 동안 사무실에서 실무를 익혔지만 건축의 개념과 원리는 여전히 막연했고, 이에 대한 지적 갈증을 해소할 수 있는 방법은 도무지 찾아낼 수 없었다.

건축이란 도대체 무엇인가? 건축은 한마디로 건축물의 설계와 그 실현(건설)에 관한 전문지식의 체계이며 사회적으로 제도화된 전문직 영역이라고 할 수 있다. 서양에서는 일찍부터 건축이 단순히 집 짓는 기술이 아니라 우주적 원리를 표상하는 디자인으로, 이론과 실무가 결합된 지적 노동으로서 발전해왔다. 이러한 건축의 개념이 세계로 전파되어 지금 국제적으로 통용되고 있는 것이다.

그러나 한국에 이러한 건축은 존재하지 않는다. 이는 오랜 세월 건축을 공부하며 깨달은 사실이다. 수많은 건축 종사자와 건축학도가 건축을 말하지만 한국에서 건축은 아직 제도화되지 않은 영역이자 공허한 개념일 뿐이다. 최근 건축에 대한 사회적 인지도가 높아져 방송 드라마에 건축가가 심심찮게 등장하고 현학적인 수사로 건축을 미화하는 건축이론서도 쏟아져 나온다. 하지만 이 모든 변화에도 불구하고 건축은 우리 사회에서 여전히 허상에 불과하다.

이 책의 목적은 한국건축의 이러한 현실과 그로 인한 문제점을 밝히는 것이다. 그리고 문제 제기를 넘어 한국건축이 나아가야 할 방향에 대해 나름의 해결책을 찾고, 이를 토론할 공론의 장을 열어보려는 것이다. 우리나라 건축의 미래를 생각할 때 너무도 중요하고 근본적인 문제이기 때문이다.

이를 위해 서구사회가 공유하고 있는 건축 개념은 무엇인지, 그들이 건축을 어떻게 변화 발전시켜왔는지 살펴보면서 왜 대한민국에 건축이 없는지를 꼼꼼히 따져볼 것이다. 그렇다고 서구사회가 추구해온 건축의 이상<sup>Ideal</sup>과 이상적 건축가의 모델을 절대적인 것으로 미화하거나 주장하지는 않는다. 또 건축에 관한 어떤 규범적 가치나 진리를 주장하지도 않는다. 문화로서의 건축은 진리와 거짓, 혹은 옳고 그름의 문제가 아니기 때문이다. 다만 지금 한국건축이 직면한 문제를 해결하기 위해서는 현실을 냉철하게 인식할 필요가 있고, 이를 위해서는 서구의 건축 개념을 기준으로 삼아 우리 건축의 현실을 다각도로 분석해볼 필요가 있다. 이러한 비판적 이해를 바탕으로 동일성과 차이를 인식할 때 비로소 우리가 건축에 대해 어떤 입장을 가져야 할지 스스로 결정하고 선택할 수 있기 때문이다.

이 책은 일반 독자에게 건축이 무엇인가를 정의하고 소개하기 위해 쓴 입문서가 아니다. 건축학도와 학계, 실무계, 정부 기관과 언론을 포함하는 건축계 대중에게 우리 건축의 현실을 알리고자 썼다. 평이한 문장으로 쉽게 쓰려고 노력했지만 꽤 전문적인 주제들을 다루고 있어 어렵게 느껴질 수도 있을 것이다. 따라서 독자의 이해를 돕고자 이론적 주제들을 가능한 한 우리가 현실에서 부딪치는 건축의 에피소드들과 연결시켜 풀어쓰려고 노력했다.

먼저 〈건축이란 무엇인가?〉에서는 한국에서 건축이 어떻게 인식되고 있으며, 서양에서 발전된 건축의 개념과 어떤 차이가 있는지를 다룬다. 두 번째 장인 〈한국에 건축은 없다〉에서는 건축의 행정적, 법적, 학문적 위상을 분석함으로써 한국에서 서구적 의미의 건축이 제도화되지 않았음을 밝힌다.

마지막 장의 제목은 역설적이게도 〈한국에 건축은 있다〉이다. 그 함의는 서구에서 제도화된 건축이 제대로 정립되지는 않았지만 한국사회에도 나름의 방식으로 건축이 존재한다는 것이다. 여기서는 그 특성을 분석하고 그것을 어떻게 한 단계 업그레이드할 수 있을 것인지에 관해서 이야기한다.

당연한 말이지만, 건축의 개념과 이론은 고정되어 있는 것이 아니다. 그러므로 이 책이 한국건축의 미래를 위해 무엇을 해야 할지 같이 고민하는 출발점이 되었으면 하는 바람이다.

건축이란 무엇인가?

# 건축에 대한
# 한국사회의 인식

설계사무실에서 몇 년간 실무를 경험한 후에도 건축에 대한 지적 갈증은 채워지지 않았다. 당시 나의 가장 큰 관심은 지금 우리가 실무에서 하고 있는 건축은 도대체 무엇인가, 그 원리와 사상은 무엇이며, 어떤 배경에서 나온 것인가였다. 내가 설계를 평생의 업으로 삼는다면 확고한 이론적 기반 없이 외국 잡지를 보고 흉내나 내는 방식으로 건축을 계속할 수는 없었다. 그래서 나는 뒤늦게 유학을 결심했다.

　　외국 유학을 준비하는 친구들은 대부분 Master of Architecture(설계 중심의 석사) 과정에 지원하지만, 나는 이론과 역사를 공부하기 위해 박사과정에 지원했다. M. Arch 과정에서는 그들의 최신 설계 경향을 기술적으로 배울 순 있겠지만 그 배후에 있는 생각과 원리를 충분히 배울 수는 없을 것이라고 생각했다. 그들의 건축적 사고의 뿌리를 알기 위해선 무엇보다 이론과 역사 공부가 필요했다.

8년간의 미국 유학은 서구에서 발전해온 건축의 개념을 이해할 수 있는 의미 있는 시간이었다. 짧지 않은 시간을 보내면서 한국에 있을 때는 도무지 접근하기 어려웠던 서구의 건축, 특히 그들의 근대건축이 무엇인지, 어렴풋하지만 조금씩 이해할 수 있게 되었다. 그리고 유럽의 근대건축사에 관한 연구로 학위를 마친 후 나는 한국에 돌아왔다.

## 한국에서 건축사로 살아가기

귀국 후 한국사회에서 건축사로 살아가는 것이 만만치 않다는 사실을 깨닫기까지는 그리 오래 걸리지 않았다. 내가 생각하는 건축과, 사회에서 인식되고 실행되는 건축 사이에는 적지 않은 괴리가 있었다. 한국에서 건축은 설계보다는 비즈니스였고, 건축사는 전문직이라기보다는 소위 '업자'였다. 무엇보다도 아키텍트Architect, 즉 건축사(또는 건축가. 이 책에서는 문맥에 따라 건축사, 건축가 두 용어를 혼용한다)라는 명칭 자체가 사회적으로 잘 인식되어 있지 않았다. 대표적인 전문직으로 일컬어지는 변호사나 의사라는 명칭을 모르는 사람은 없는데 건축사란 명칭은 모르는 사람이 많았다.

미국에서 돌아오고 얼마 안 되어 겪은 일이다. 모 방송사의 직업 소개 프로그램에서 간단한 인터뷰를 한 적이 있는데 담당 프로듀서가 와서는 설계사를 소개한다며 프로그램 개요를 설명하는 게 아닌가. 아뿔싸! 설계사라니, 무슨 보험설계사도 아니고. 그래도 이건 좀 나은 편이었다. 같이 온 방송작가는 한술 더 떠서 제도사라고 하는 게 아닌가. 그래도 지식층에 속하는 사람들인데 도무지 건축사라는 전문 직업에 대한 개념이 없었다.

집을 지으려면 먼저 설계를 하고 이를 근거로 시공을 한다. 설계에는 기초 조사와 연구를 거쳐 설계 아이디어를 구상한 후 이를 도면화(제도)하는 과정이 필요하고, 이후 도면에 따라 하나하나 시공이 이루어진다. 건축은 이처럼 건축물의 설계와 시공에 관한, 즉 디자인$^{Design}$·빌드$^{Build}$의 전 과정을 일컬으며, 전체 과정을 총괄하고 책임지는 전문가가 건축사다. 물론 지금은 일이 분업화, 전문화되어 각 과정을 담당하는 전문 인력이 따로 있고, 건축사가 모든 것을 직접 하지는 않는다. 시공은 현장감독과 인부의 손을 빌리고, 건축사는 건축물을 설계하고 설계에 따라 시공이 이루어지도록 감리하는 일을 맡는다. 그렇다고 해서 건축사를 설계사라고 부르는 것은 틀렸다. 건축사는 설계만 하는 사람이 아니며, 제도사는 더더욱 아니다. 이것은 마치 의상디자이너를 재단사라고 부르는 것이나 마찬가지이다.

## 한국에서 건축은 과연 전문 영역인가

방송국 프로듀서와 방송작가가 보여주었듯 건축에 대한 한국의 사회적 인식은 너무 부족했다. 처음에는 이를 그저 사람들의 무지 때문이라고 받아들였다. 아직 한국이 문화적으로 선진국에 진입하지 못해서, 건축사라는 전문직에 대한 사회의 인식이 부족한 거라고 생각했다. 차차 시간이 해결해줄 문제라고 생각했다. 그러나 현실은 그렇지 않았다. 내 경험에 따르면 시간이 갈수록 건축은 해체되었다. 그리고 내가 아는 건축과 우리나라 건축 사이의 괴리는 시간이 갈수록 더 커져만 갔다.

그 이유를 최근에야 깨달았다. 안타깝게도 우리 사회에는 건축물을 설계하고 그 실현을 책임지는 전문 직능으로서의 '건축'은 제도적으로 존재하지 않는다. 물론 건축이 없다는 말이 한국에 수준 높은 건축물이나 이런 건축물을 창조할 수 있는 건축가가 없다는 의미는 아니다. 우리나라에는 수준 높은 건축물도 있고 훌륭한 건축가도 있다. 다만 서구적 의미의 건축이 문화적으로, 사회적으로 제도화되어 있지 않다는 뜻이다. 다소 황당하게 들릴 수 있지만 이는 엄연한 사실이다. 어떤 전문적 학문·실무 영역이 발전하여 사회에서 인정받으면 제도화되는데, 서구사회에서는 역사가 가장 오래된 전문직 중의 하나인 건축이 한국에서는 아직 전문직 영역으로 제도화되어 있지 않다.

# 서구에서 발전해온
# 건축의 의미

지금 우리가 배우고 사용하는 건축의 개념은 서구에서 온 것이다. 일찍부터 서구에서는 건축이 문화적 의미를 갖는 건물이나 구조물을 만드는 전문적 실무이자 이론적 체계를 갖춘 학문으로 발전해왔다. 즉 인간은 자연의 위협에서 자신을 보호하기 위해 셸터Shelter를 만드는 데서부터 시작하여 점차 상징성을 띄는 구조물을 만들게 되었고, 이에 관한 이론을 하나의 인문 지식으로 체계화·규범화한 것이 바로 건축이다. 다시 말하면, 건축은 집을 짓는 일에 관한 기술적·실용적 지식과 상징적·인문적 이론이 하나의 학문으로 체계화한 것이라고 할 수 있다.

그렇다면 건축을 형성하는 이론과 지식체계, 즉 건축의 디서플린discipline은 무엇인가? 주변에서 쉽게 접할 수 있는 수많은 건축 입문서는 대개 건축을 공간, 구조, 형태 구성의 원리, 빛, 소리 등의 요소로 설명한다. 건축의 지식체계는 이러한 요소들의 디자인과 실현에 관한 것이다. 하지만 건축이 원래부터 이렇게 설명되었던 것은 아니다. 과거에 건축의 지식체계는 훨씬 구체적이고 기술적이었는데 근대 이후에 이같이 확장되었다. 하지만 변하지 않은 것은 서구에서 발전해온 건축은 단순한 기술이 아니라 디자인에 관한 이론과 지식체계를 바탕으로 한다는 사실이다. 즉 서구에서 건축은 단순한 실무가 아니라 이론이며, 건축가는 집 짓는 일에 관한 기술적 노하우와 인문적 지식을 습득하고 실행하는 전문가다.

## 서구의 건축 개념이 걸어온 길

이러한 건축의 개념을 설명한 최고(最古)의 책이 마르쿠스 비트루비우스 폴리오Marcus Vitruvius Pollio의 『건축 10서』다. 2000년 전, 로마의 건축가 비트루비우스는 『건축 10서』에 건축은 튼튼함과 편리함 그리고 아름다움을 만족해야 한다고 썼다.[*] 건축은 구조적으로 안정되고 실용적이어야 할 뿐 아니라 동시에 아름다움을 표상해야 한다는 것이다. 예컨대 고대 그리스의 신전은 단순한 집이 아니라 이상적 아름다움을 표상하는 오브제다. 따라서 이러한 건축물은 그 시각적 형태Quality를 결정하는 어떤 기준이 있어야 한다. 또 건축의 형태는 그것을 사용하고 경험하는 사람들에게 직접적인 영향을 미치기 때문에 윤리적이어야 한다. 그래서 집을 지을 때는 어떤 규범적 이론이 필요하고, 그 기준과 규범은 풍부한 지식과 원리에 근거해야 한다. 이처럼 고대건축의 개념은 집 짓는 일에 관한 실무 지식에 이론이 결합되어 건축물에 문화적 의미를 부여하였고, 이는 서구에서 집 짓는 일을 단순한 기술이 아니라 지적·철학

---

[*] 마르쿠스 비트루비우스 폴리오, 『건축 10서』, Book I, chap 3.

적 학문의 수준으로 올려놓는 역할을 했다.

건축이 이런 의미를 지니고 있는 만큼 건축가 교육 또한 매우 중요했다. 비트루비우스는 자신의 책에서 건축가를 기술과 윤리, 철학 등 다방면의 지식에 능통한 종합지식인으로 정의한다. "건축가는 학자이고 숙련된 제도사이자 수학자여야 하며, 역사 지식에 익숙하고 철학을 즐겨하며 음악과 친숙하고 의학을 알아야 하며, 천문학과 천문학적 계산에도 능통해야 한다."* 건축가는 집 짓는 기술은 기본이고 거기에 덧붙여 11개의 학문으로 무장한 사람이란 말이다. 그리스 철학자 플라톤Platon도 건축가를 단순한 육체노동자가 아니라 이론을 가진 자로서 노동자와 구별하고 지식의 공헌자이자 노동자의 지배자라고 정의한 바 있다.

비트루비우스적 건축의 전통은 1400년 후 르네상스를 통해 한 단계 더 발전했다. 15세기 초 이탈리아의 북부 도시에서 시작된 르네상스는 고대 로마 건축을 연구해 건축의 개념을 새롭게 부활시켰다. 이제 건축은 인문적 사상의 표현으로 여겨졌다. 르네상스 건축가들은 비트루비우스가 설명한 대로 건축을 단순히 물질에 그치는 것이 아니라 정신적 가치를 표상하는 것으로 보고, 그 원리를 인문적 이론으로 체계화했다.

비트루비우스 이후 최초의 건축이론서를 쓴 르네상스의 건축가이자 이론가인 레온 바티스타 알베르티Leon Battista Alberti는 건축물은 선과 물질로 구성된 하나의 몸이라고 정의했다. 선은 재료나 장식과 달리 눈에 보이지는 않지만 비례와 기하학적 구성을 이루는 요소다. 물질은 자연에서 얻지만, 선은 마음의 생산물이다. 예를 들어 고전건축의 기둥과 벽은 돌이라는 물질로 만들어지지만 그것이 이루는 비례와 조화는 눈에

---

* 마르쿠스 비트루비우스 폴리오, 『건축 10서』, Book I, chap 1.

보이지 않는, 즉 마음의 눈으로 그려지는 선으로 이해된다. 여기서 중요한 것은 물질보다 마음의 생산물인 선이다. 이것이 장식과 함께 건축의 아름다움을 형성하기 때문이다. 그리고 이것을 다루는 것이 바로 디자인이다. 알베르티는 디자인을 '마음속에서 인지되는 선과 각도가 재능 있는 예술가에 의해 구현된 강력하고 아름다운 선험적 질서'라고 정의했다. 건축의 본질은 물질 구축이 아니라 바로 디자인에 있다는 것이다.[*]

르네상스 시대에는 회화와 조각도 건축과 함께 단순한 육체노동이 아닌 지적 노동, 즉 디자인으로 간주되었다. 알베르티는 『회화론』에서 회화를 기하학과 연결시켰고, 건축은 회화와 조각의 통합 예술로 간주했다. 말하자면 회화, 조각, 건축은 모두 같은 디자인 원리가 다른 장

  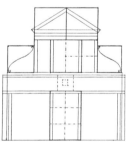

© Georges Jansoone

**알베르티가 설계한 산타 마리아 노벨라 성당과 루돌프 비트코버가 그린 입면 도해**
고전건축에서 말하는 미적 질서는 자유로운 연상이 아니라 교육이 필요한, 마음의 눈을 통한 엄정한 이성적·내적 질서의 이해다. 르네상스 건축가들은 이러한 선을 눈에 보이는 장식과 구성으로 표현했다.

---

[*] 레온 바티스타 알베르티, 『건축론』, Book I, chap 1.
  알베르티는 'Lineaments'라는 용어를 사용하는데 이것을 통상 'design'으로 번역해왔다. 실제 'il designo'라는 용어는 조르조 바사리가 *Le Vite de Piu Eccelenti Pittori, Scultori et Architeili Italian*(1550)에서 처음 사용했다.

르로 표현된 것인데, 이 중에서 디자인과 현장의 육체노동Craft 사이의
간격이 가장 큰 장르가 건축이다. 그래서 르네상스 건축가와 이론가 들
은 아예 인문적 소양에 바탕을 둔 디자인과 육체노동인 시공을 구별했
다. 디자인은 미와 장식을 다루는 과학으로, 시공은 디자인을 실현하는
수단으로 본 것이다. 시공은 장인의 손을 빌릴 수 있지만 디자인은 건
축가의 능력에 속한다. 즉 건축가는 단순한 장인이 아니라 우주적 질서
의 마스터로서 디자인에 관한 지식을 갖춘 사람인 것이다. 이렇게 르네
상스 시대에는 건축가를 빌더(장인)와 구분하기 시작했고, 건축을 육체
적 기예에서 분리된 지적 노동으로 확고히 위치시켰다. 알베르티는 그
의 책 서문에서 다음과 같이 쓴다.

"건축가는 목수나 조립공과 같은 육체노동자가 아니다. 이들은 건
축가의 도구이다. 건축가는 명확하고 뛰어난 재능과 방법으로 자신의
작업을 완성하며 이렇게 하기 위해서는 참신하고 고귀한 학문에 대한
완전한 통찰을 가지고 있어야 한다."•

현재와 같이 건축가의 활동방식이 디자인 위주로 자리 잡은 시기
는 르네상스 이후이다. 하지만 여전히 시공은 건축의 실현 과정으로서
건축의 일부였고, 시공을 감독·관리하는 것 또한 건축가의 업무였다.
이들은 시공에 관한 노하우를 주로 공사현장에서 습득했다. 일부 르네
상스 건축가는 시공 노하우를 잘 모른 채 순수하게 디자인에 관한 컨설
턴트의 역할만 수행하기도 했다. 그래서 르네상스 시대에는 시공 기술
에 익숙한 장인 출신의 건축가와 그렇지 않은 아틀리에 출신의 건축가
사이에 갈등이 심심찮게 존재했다.

---

• 레온 바티스타 알베르티, 『건축론』, 서문.

**현장노동자에게 지시하는 건축가와 학자**

르네상스 시대에는 디자인 지식을 갖춘 건축가와 단순한 장인을 구별했다.
건축가는 건물을 설계하고, 설계대로 시공이 되는지 직접 감독·관리했다.


## 서구건축의 본질

르네상스 이후 서구에서 정립된 건축의 개념은 주로 형태 디자인에 관
한 이론으로 아름다움에 관한 보편적 질서를 시각적 형식으로 표현하
는 것이다. 회화와 조각, 건축이 모두 동일한 미적 규범을 표상하는 시
각예술로 간주된 것도 이런 이유에서다.

서구건축의 본질을 이렇게 시각적 형식에 관한 형태언어로 정의하면 혹자는 건축의 본질은 공간이라고 반론을 제기할지 모른다. 그러나 서구에서 공간이 건축의 주제로 떠오른 것은 19세기 후반에 이르러서다. 그 이전에 건축은 주로 입면의 장식과 시각적 질서, 그리고 평면의 구성 원리에 관한 것이었다. 근대 이후 새로운 기능적 프로그램의 건축과 새로운 계층의 건축주가 등장하고 19세기 말 양식적 절충주의의 막다른 골목에 도달해서야 공간이라는 건축의 새로운 주제가 등장하였다. 이어서 나타난 기능과 프로그램도 마찬가지다.

그리고 서구건축의 본질을 공간으로 정의한다 해도 그것은 공간 자체가 아니라 지각적 대상으로서 공간의 형식과 질서에 관한 것이다. 서양에서 공간 자체의 질에 관해 처음 말하기 시작한 것은 현상학 Phenomenology의 등장 이후다.

## 현대건축의 현주소

고전시대 이후에 서구에서는 고전건축의 규범을 바탕으로 건축의 보편적 원리와 이론을 발전시켜왔다. 서구에서 고전건축의 규범에 대한 사회적 합의는 매우 강력한 것이었다. 따라서 건축가들은 고전건축의 원리에 근거하여 표준적이고 규범적인 요소를 충실하게, 그리고 이상적 형태로 모방해야 했다. 그러나 현대건축은 더 이상 고전시대와 같은 미적 규범을 공유하고 있지 않다. 현대사회는 흔히 포스트모더니즘 시대라고 불린다. 그 특징은 공유된 믿음이나 사상이 없이 다원적 가치가 공존하는 것이다. 아름다움의 보편적 기준에 대한 믿음도 존재하

**J. F. 블롱델이 설계한 메스 생 테티엔 성당의 입면**(1773)
건축을 체계적으로 가르치던 보자르 아카데미의 디자인은 고전건축의 원리를
이상적 형태로 모방하는 것이었다.

지 않는다.

　현대건축이 고전건축의 규범을 벗어나는 데는 건축기술의 발전도 한몫을 했다. 과거에는 건축물의 형태가 기후나 지리적 조건, 그리고 재료와 구조적 한계에 제약을 받을 수밖에 없었고 건축 규범도 이러한 구축의 문제에서 비롯된 것이 많았다. 이런 제약들 때문에 지역의 토착건축은 특별한 미학적 이론을 공유하지 않고도 건축의 양식적 통일성과 동질성을 유지할 수 있었다. 그러나 현대적 구조술이 발전하면서 제약은 거의 없어졌다. 강한 구조의 발전으로 현대건축은 형태적으로 훨씬 자유롭고 더 많은 어휘를 갖게 되었으며 어떠한 공간이든 만들 수 있게 되었다. 이러한 상황에서 전통적 건축의 규범과 디자인 원리는 더 이상

**프랭크 게리의 디즈니 콘서트 홀과 내부의 구조**

조각 작품을 떠올리게 하는 프랭크 게리의 건축물은 강한 구조의 발전으로 건축이
얼마나 자유로운 형태를 구현할 수 있는지 잘 보여준다. 현대건축의 기술 발전은
건축을 구조적 제약에서 벗어나게 했다.

유효하지 않게 되었다.

이제 현대건축에는 과거와 같은 공유된 이론과 형태 규범이 없기
때문에 건축가는 각자, 또는 프로젝트마다 건축의 스토리를 구성하고
스스로 이론화해야 하는 상황을 맞이했다. 문제는 이것이 사회적으로
공유된 규범이 아니라 건축가 개인의 것에 머문다는 점이다. 그래서 현
대건축이론은 다양하고 각양각색으로 발전한다. 심지어 자신만의 이론
이 없으면 건축가 대접을 못 받을 정도다. 현대건축에서 이러한 개별성
추구는 고전건축 규범이 지배하던 시대에는 없었던 특이한 현상이다.

**알도 로시, ⟨L'architecture assassinée⟩**(1975)
서구건축의 전통이 무너져버린 상황을 암시하는
알도 로시의 드로잉. 순수건축을 주장한 타퓨리는
로시를 순수건축의 예로 들었으나 로시의 건축 또한
이론적이다.

근대 이후 양식이 상대화되면서 개인주의가 등장하게 된 것이다. 이것
이 현대건축 비평이 규범적(아카데믹) 원리를 제시하기보다는 비판적 이
론으로 전개될 수밖에 없는 배경이다.

그렇다면 건축에서 상징과 이론의 영역을 제거하고 순수하게 기
술적 영역에 한정하면 이런 표상과 규범의 문제에서 벗어날 수 있지 않
을까? 이탈리아의 마르크시스트 역사가인 만프레도 타퓨리Manfred Tafuri가
주장하는 순수건축Degree zero architecture은 바로 이것을 의미한다. 그러나 건
축이란 이미 서구사회에서 인문 지식으로 자리 잡은 문화의 영역이다.

서구사회는 적어도 수천 년의 이러한 건축 전통을 갖고 있다. 문화적 전통은 단순히 부정한다고 없어지지 않는다. 공유된 규범이 위기에 처하면 부정적 의미에서, 즉 구축이 아닌 비판과 해체의 방식으로라도 이에 대한 담론이 계속된다. 이것이 현대 해체주의 건축의 이론적 기반이다. 해체주의뿐 아니라 형식주의, 블로브Blob와 같은 현대건축의 이론적 경향은 바로 이러한 서구건축의 전통과 규범에 대한 부정을 통한 자기 갱신이라는 관점에서 이해할 수 있다. 그러므로 타퓨리가 말하는 순수 건축도 결국 하나의 이론적 건축이 될 수밖에 없다.

# 한국에
# 건축은 있었는가?

서양에서 발전된 건축의 개념은 한국에서는 생소한 것이다. 한국뿐 아니라 동양에서는 인문학적 개념의 건축이 발전하지 않았다. 잘 알려진 대로 동양에는 건축이라는 말 자체가 없었다. 집 짓는 일을 일컬을 때는 영건(營建)이나 영조(營造)라 했고, 일본에서 처음 서양의 아키텍처를 받아들일 때는 조가(造家)란 말을 썼다. 그러다가 1862년부터 서양의 아키텍처를 건축(建築)이라는 용어로 번역해서 사용하기 시작했다. 영건이나 영조, 조가는 모두 집을 짓는다는 기술적 행위의 의미가 강하다. 서양과 같이 인문적 이론이 결합된 건축 개념과는 다르다.

## 전통건축에 담긴 사상
과거 한국에서 집을 지을 때는 목수와 석공 등 많은 분야의 장인이 참여했고, 집을 짓는 전체의 과정은 대개 대목(大木), 도목수(都木手)가 지휘했다. 장인의 기술과 구분되는, 집을 디자인하고 시공 과정을 감독하는 건축이라는 전문 영역은 별도로 존재하지 않았다. 즉 서구와 같은 의미의 건축은 한국에 없었다. 물론 한국에서는 건축뿐 아니라 조각, 회화와 같은 예술 장르의 분화나 공예와 예술의 분리, 장인의 기예와 예술가의 능력 구분도 명확하지 않았다.

그렇다고 우리나라에 집 짓는 행위에 담긴 인문적 이론이나 건축물에 투사된 의미와 상징이 없었다는 말은 아니다. 인간과 자연 환경의

**퇴계의 도산서당**
도산서당은 세 칸짜리 작은 집이지만 퇴계의 건축관이 반영된 유교적 이상향이다.
그러나 이는 유교 사상의 반영일 뿐, 학문적 체계를 갖춘 건축이론을 적용한 것은 아니었다.

관계를 설정하는 사상과 질서가 있었고 이것이 집 짓는 원리로 적용되어 고도의 상징체계를 형성했다. 예컨대 조선시대 사대부들은 집을 지을 때 성리학적 원리와 질서를 반영했다. 또 전통 사찰의 공간 구조에는 불교의 교리가 반영되어 있었다. 김봉렬의 말을 빌리면 마치 '입체적으로 건축에 새겨진 경전'이라고 할 수 있다. 이것은 프랑스의 낭만주의 작가 빅토르 위고Victor Marie Hugo가 고딕성당을 '돌로 쓴 책'에 비유한 것과 비슷하다.

그러나 그것이 건축이라는 전문 영역의 지식으로 체계화되지는 않았다. 건물의 격식, 공간 구성, 배치와 관련된 인문 지식과 이론이 있다고 하더라도 그것은 불교나 도교, 유교 사상의 일부로 존재했지, 건축이라는 독립된 학문·실무 분야로 발전되지는 않았다. 생활을 지배하는 공유된 사상과 질서가 있고 그것이 건축술에 반영되었지만 학문적 체계를 갖춘 건축이론은 없었다는 말이다. 이러한 상황에서 건축에 관한 체계적인 교육이 없는 것은 당연했다.

조선시대 사대부 중에는 이언적, 이황 등 성리학 사상을 건축의 원리에 적용할 정도의 안목을 가진 사람이 적지 않았지만 그들을 건축가로 부르기는 어렵다. 체계화된 건축이론을 습득하고 이를 바탕으로 건축주와 장인을 매개하는 전문가로서의 건축가는 존재하지 않았다.

중세유럽에서도 16세기까지는 인문 지식에 정통한 건축주가 건축 공사를 지휘하는 경우가 많았다. 예를 들면 최초의 고딕성당인 생드니 성당의 채플을 완성한 아보트 쉬제Abbot Suger는 수도원장이자 건축주였다. 전문 건축가가 아닌 아마추어로서 공사를 이끌었으니 우리나라의

**중세의 건축주와 건축가**
건축가가 건축주와 장인의 중간 위치에서
건축의 디자인과 실행을 책임지는 전문가로
발전하면서 건축 드로잉의 비중이 커졌다.

사대부와 비슷한 위치에 있었다고 볼 수 있다. 그러나 유럽에서는 점
차 건축주와 장인들의 중간 위치에서 건축의 디자인과 실행을 책임지
는 건축가라는 전문직이 발전했다. 건축주와 건축가, 그리고 현장 장인
사이의 의사소통 수단으로 건축 드로잉의 비중이 커지기 시작한 것도
이때부터다. 그러나 한국에서 건축은 여전히 현장에서 전수되는 기술
이었다.

　　조선 중기의 대표적인 별서원림(정원)으로 손꼽히는 소쇄원은 성리
학적 원리가 잘 반영된 건축이다. 김인후는 소쇄원이 주는 체험, 즉 소
쇄원의 건축적 의도를 「소쇄원 48영」이라는 즉흥시로 표현했다. 그러나
김인후의 즉흥시에는 소쇄원의 주변 환경에 대한 체험이 표현되어 있
을 뿐 건축물 자체에 대한 서술은 없다. 소쇄원 조영에 적용된 원리는
인간과 환경의 관계에 대한 것이지 대상화된 건축의 디자인에 관한 것
이 아니었다. 퇴계가 도산서당에 대해 쓴 〈도산기〉를 비롯하여 이러한

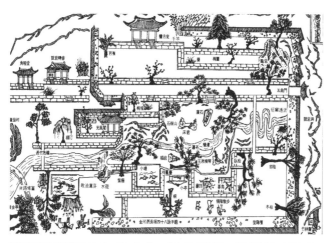

**위_소쇄원도**

소쇄원의 건축물은 인간과 주변 환경과 자연의 흐름을 엮는 도구이자 그 일부이다.
소쇄원도는 이러한 관계를 잘 보여준다.

**아래_소쇄원 광풍각**

계곡 주변에 자리 잡은 광풍각은 소쇄원의 사랑방 구실을 하던 곳이다.

예는 많다. 이런 사례들은 한국에서 건축이 독자적인 학문 영역으로 정립되지 않았음을 말해준다. 건축물은 독립적인 디자인의 대상이 아니라 자연과의 관계를 맺는 도구이자 자연의 일부로서 인식되었다.

## 한국 전통건축에 이론이 없는 이유

서구의 건축 개념에서 특징적인 것은 건축이 시각적 형태 구성과 장식적 어휘로 정의되었다는 점이다. 시각적 형태를 통해 이상적 질서를 표상하는 이상화Idealization의 전통은 고전건축뿐 아니라 근대건축에서도 유지되었다. 흔히 근대건축은 형태적 상징과 장식을 부정했다고 하지만 실제로는 과거의 장식과 형태적 상징을 거부했을 뿐이다. 민주주의나 과학, 기계와 같은 근대의 시대정신을 표상하는 이상적 장식으로서 추상적 형태를 추구한 것이다.

이러한 서구건축 개념이 한국에 들어온 것은 근대 이후다. 그전에 한국에서 건축물은 시각적 오브제로서 형태와 상징을 통해 어떤 이상 또는 이념을 표현한 적이 없고, 계몽적·도덕적 역할을 감당하지도 않았다. 가사제한(家舍制限) 같은 집의 크기와 형식에 대한 규제는 있었지만 건축물의 시각적 소통에 관한 이론이나 규범은 없었다. 조선시대 말, 근대 초에 서울을 방문한 서양인의 눈에 비친 서울의 인상은 한결같이 기념비적 건축이 없다는 것이다. 궁궐과 교회 같은 기념비적 상징성을 갖는 공공건축에 익숙한 서양인들에게 서울은 이렇다 할 건축이 존재하지 않는 도시로 보인 것은 당연하다. 반면에 개항기 서구식 건축물이 서울에 지어졌을 때 서울시민은 대부분 흉측하다는 반응을 보였다. 한

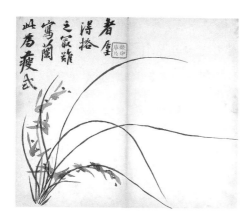

**추사 김정희의 『난맹첩』에 있는 〈수식득격〉**

수식득격(瘦式得格)은 '가늘게 치는 방식에서 제 격을 얻다'라는 의미이다.
이처럼 동양에서의 예술은 내적 정신과 마음을 표현하는 수단이었다.

국에서는 육중한 형태와 입면의 장식적 요소로 구성되는 오브제로서의
건축은 형태적으로 아름답다기보다 어색한 것이었다.

동양에서는 시각적 형식으로 표상되는 미학 개념 자체가 생소했
다. 동양에서 예술은 어떤 대상과 본질 또는 이상의 재현이 아니라 내
적 정신과 마음의 표현이었다. 예를 들면 한국에서 시, 서, 화에 능하다
는 것은 내적 인격의 표현, 즉 수양의 도구이지 서양예술과 같이 외부
적 가치(진, 선, 미)의 시각적 표상을 말하는 것이 아니다. 동양의 그림은
보이는 대로 묘사하는 것이 아니라 정신과 마음의 표현이다. 마음과 몸
의 일치가 예술의 정수인 것이다. 그래서 동양에서는 시, 서, 화가 일치
한다고 한다. 당연히 건축은 서구적 개념의 시각예술로 자리 잡지 못했
고 건축물의 시각적 형태에 미학적·상징적 의미가 부여되지도 않았다.

뿐만 아니라 한국건축의 인문적 원리는 공간 조직이나 배치와 같은 집합의 논리에 반영된다. 김봉렬은 한국에서 건축은 개별 건물의 형태가 아니라 집합의 원리라고 정의한 바 있다.* 즉, 한국 전통건축에 적용된 인문적 원리는 감상자와 시각적 소통을 통해 일종의 미적 감흥을 일으키는 형태 규범이 아니라, 주로 사용자의 행동 규범에 관계하는 것이다. 서양은 건축물 자체가 어떤 의미를 갖고 그렇게 보여야 하며 그런 분위기를 풍겨야 한다고 생각했지만, 한국에서는 건축물이 그곳에 사는 사람의 행동양식을 규제하고 그 생활 세계를 반영했다. 한마디로 서양과 동양은 건축물을 대하는 태도가 달랐다고 할 수 있다.

예를 들어 한국 전통건축에는 자연 형태의 휜 재료를 그대로 구조재로 쓰고 입면에 노출하는 경우가 많은데 이것은 한국 전통건축에 입

**개심사 요사체 입면**
부재를 자연 형태 그대로 사용하고 이를 입면에 노출했다.
입면을 규제하는 형식 규범이 없었기 때문에 가능한 발상이다.

---

* 김봉렬, 「한국건축의 재발견 3」, 이상건축, 1999.

면을 규제하는 형식 규범이 없기 때문에 가능한 일이다. 입면 구성의 형식 미학이 엄격히 규범화된 서양에서는 상상할 수 없는 일이다.

여기서 우리는 한국 전통건축의 조성 원리가 하나의 체계적 이론으로 규범화되지 못한 이유를 짐작해볼 수 있다. 우선 서양의 건축 개념이 발전한 데는 돌과 벽돌을 주재료로 했던 구축술의 영향이 크다. 즉 서양의 건축물은 매시브한 조적조(組積造, 돌이나 벽돌 등을 쌓아 벽을 만드는 건축 구조) 위주의 구축술로 시각적 오브제를 창조했다. 그리고 이는 형태 중심의 건축이론이 발전하는 배경이 되었다. 특히 돌은 물질적 지속성이 있어서 서양건축의 근원적 열망인 형태적 상징을 통한 영원성의 추구를 실현할 수 있었다. 반면에 한국건축은 목조가 주요 구조로 사용되었으며 형태적 상징을 통해 영원성을 추구하지도 않았다.

또한 장인의 기예와 물질을 경시한 조선시대의 유교적 전통도 한국에서 건축이 전문 영역으로 발전하지 못한 중요한 이유일 것이다. 반면에 유럽은 고대사회부터 장인 교육에 대한 엄격한 기준이 있었다. 때문에 도제교육 제도가 발전할 수 있었는데, 이는 일정한 훈련 기간을 채워야만 도제에서 마스터로 상승하는 방식이었다. 육체노동을 천시하여 장인 교육이 체계화되지 못한 조선시대와는 대비되는 모습이다.

또 한국 전통건축에 적용된 인문적 이론은 건물의 시각적 형태가 아니라 터 잡기나 배치 같이 주로 땅이나 지형에 관련된 것이어서 형식적 규범으로 정리하기 어려운 측면도 있었을 것이다. 땅과 지형은 건축물마다 다르므로 그것을 표준화하여 배치의 원리를 이론화하는 것은 분명 한계가 있다.

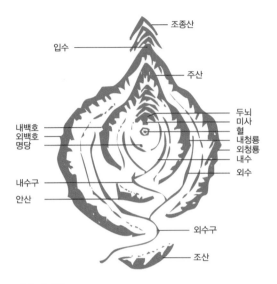

**풍수지리론**

풍수지리론은 10세기 무렵 중국에서 도입되어 널리 퍼진 건축의 배치에 관한 이론이다.
반면 서양의 건축론에는 땅에 관한 이론이 없고 대지는 추상화된다.

지금까지 살펴본 이유들은 한국에서 건축이 체계적 이론으로 정립되는 것을 방해한 걸림돌이 분명하다. 하지만 보다 근본적인 이유는 집 자체가 하나의 시각적 오브제로서 합리적 통제의 대상이 되지 않았다는 점에 있다. 그리고 이것은 집에 관한 동양과 서양의 근본적인 인식론 차이에서 비롯된 것이다.

# 건축이란
# 무엇인가?

## 디자인과 건설에 관한 학문과 실무

지금 우리가 배우고 실무에 적용하며 국제적으로 통용되는 건축의 개념을 한마디로 정의하면 디자인과 건설에 관한 학문·실무라고 할 수 있다. 여기서 학문·실무라고 하는 까닭은 원래 건축은 현장 실무로 시작되었지만 점차 이론화 과정을 거치면서 학문으로 정착되었기 때문이다. 그래서 건축은 실무와 학문이 결합된 독특한 성격을 갖는다. 르네상스 이후 디자인과 건설이 분리되면서부터 건축가가 직접 현장에 나가 건설을 담당하지 않게 되었지만 건축이 건축물의 디자인과 시공의 전 과정을 총괄하는 전문직 영역이라는 점은 고대부터 지금까지 변함이 없다.

그래서 국제건축사연맹UIA의 헌장은 건축(건축가) 교육의 목표를 '경쟁력 있고, 창조적이며, 비평적 관점을 가진 전문 디자이너·빌더를

훈련하는 것'으로 정의한다. 물론 지금은 건축가가 직접 건설현장에서 못을 박거나 콘크리트를 치거나 철골을 조립하지는 않는다. 건축가가 건설을 총괄한다는 것은 실제 현장에서 육체노동을 하거나 공사현장을 관리한다는 의미가 아니다. 시공은 다른 사람들의 손을 빌려서 하지만 건물이 설계대로 지어지는지 감독하고 확인하는 권한과 책임을 갖는다는 뜻이다.

국제적으로 통용되는 건축의 정의를 좀 더 확실히 알아보기 위해 브리태니커 백과사전에서는 건축을 어떻게 설명하는지 보자. "건설기술과는 구별되는, 디자인과 빌딩에 관한 예술과 기술이다. 건축 실무는 공간 간의 관계, 향, 건조 환경 안에서 이루어지는 행위에 대한 지원, 그리고 구조 시스템의 디자인과는 구별되는 구조 요소들의 배열과 시각적 리듬을 강조한다."

또 위키피디아에서는 건축을 다음과 같이 정의한다. "건물과 그 밖의 물리적 구조물을 디자인하고 세우는 예술과 과학"이며 "인간이 사용하고 점유하는 건물, 또는 건물의 집단, 그리고 건물에 둘러싸인 대지 공간의 디자인과 건설에 관련된 전문적 서비스를 제공하는 것." 또 "건축은 재료와 기술, 빛과 그림자의 창조적인 조절과 조합을 필요로 하며, 일정과 견적, 공사 관리를 포함하여 건물과 구조물을 실현하는 데 필요한 실질적 측면을 반영한다."

이러한 정의에서 보듯이 건축은 건조 환경을 창조하는 종합적인 직무 영역으로서, 건축물의 디자인과 그 실현(건설 또는 시공)은 건축의 본질적 영역이다.

## 융합적 학문과 실무로서의 건축

건축을 디자인과 그 실행(건설)을 포괄하는 전문 영역으로 정의하면, 건축을 위해서는 예술, 기술, 인문, 사회, 과학을 포함하는 다양한 분야의 지식이 필요하다는 것을 쉽게 알 수 있다. 디자인을 하기 위해서는 인문학적 통찰, 사회학적 지식, 예술적 감각이 필요하고 건설에 사용할 재료와 기술에 대한 지식도 요구된다. 위키피디아를 다시 인용하면 "건축은 기능적, 기술적, 사회적, 미학적 고려를 모두 반영하는 형태, 공간, 장소의 분위기를 계획하고 디자인하고 건설하는 과정과 그 결과물 모두를 말한다." 로마시대 비트루비우스가 정의한 건축의 광범위한 학문적 배경은 현재도 유효한 셈이다.

비트루비우스는 일찍이 모든 기예는 건축에서 비롯되었다고 말했다. 심지어 그는 건축은 모든 문명의 기원이며 모든 지식과 기술의 원천이고, 건축가는 세계 문명 발생의 궁극적 공헌자라고 했다.[*] 전문화와 분업화가 이루어진 지금도 건축은 대표적인 융합적 학문·실무 영역이다. 국제건축사연맹의 헌장은 건축의 융합적 성격을 다음과 같이 정의한다. "건축은 이성과 감성, 그리고 직관 사이의 긴장 속에서 창조된다. 건축 교육은 빌딩의 아이디어를 개념화하고 조합하고 실행하는 능력을 배양해야 한다. 건축은 인문학, 사회과학, 자연과학, 기술, 환경과학, 그리고 창조적 예술, 교양의 융합적 영역이다."[**]

현대건축의 거장인 이탈리아의 건축가 렌조 피아노Renzo Piano는 건축과 건축가를 어떻게 정의할 수 있느냐는 질문을 받고 다음과 같이 답했다. "건축은 예술, 그것도 아주 특별한 예술이다. 사회, 심리학, 인간, 커

---

[*]  마르쿠스 비트루비우스 폴리오, 『건축 10서』, Book II, chap 1.

[**] UIA General Assembly, "OBJECTIVES OF ARCHITECTURAL EDUCATION", *UNESCO/UIA CHARTER FOR ARCHITECTURAL EDUCATION*, Revised Edition 2011, p. 3.

뮤니티, 과학, 기술에 시적 요소까지 여러 가지가 흥미롭게 응축된 종합 예술이다." 또 "건축가는 열 시에는 시인이고 열한 시에는 시공자이고 정오에는 사회학자다." 렌조 피아노의 대답은 건축의 융합적 성격을 아주 잘 설명해준다.

## 건축은 예술인가, 과학인가, 기술인가

융합적 성격 때문에 건축의 학문적 정체성에 대해 많은 논란이 있다. 물론 근대사회 이전에는 지금과 같은 학문의 분화와 전문화가 이루어지지 않았기 때문에 건축의 정체성이 문제될 일이 없었다. 과거에는 예술과 기술, 예술과 과학, 인문학과 자연과학 사이의 구분이 없었다.

기술, 즉 테크놀로지Technology의 어원인 그리스어 테크네Techne는 현대적 의미의 기술과는 다른, 예술과 기술이 결합된 기술의 시학이란 의미를 담고 있었고, 예술의 어원인 라틴어 아르스Ars는 그리스의 테크네를 번역한 것으로 기술의 의미를 포함하고 있었다. 두 용어는 실상 같은 의미인 셈이다. 이 말은 또 잠재된 것을 드러낸다는 뜻에서 지식을 의미하기도 한다. 건축, 즉 아키텍처는 아키텍톤arkhitekton에서 온 말인데 여기서 텍톤Tekton은 테크네를 행하는 사람이다. 그러므로 텍톤은 단순한 기술자가 아니라 감성과 이론을 바탕으로 물건을 만드는 사람이다. 따라서 건축은 어원적으로 기술과 예술, 지식 또는 학문을 모두 포함한다.

중세유럽은 고전시대부터 있었던 학문을 시민들이 배워야 할 7개의 교양학문(문법, 수사학, 논리학, 수학, 기하학, 음악, 천문학)으로 분류하고 신학을 중심으로 하나의 위계 안에 모두 통일시켰다. 중세학문의 분류체계에서 건축은 교양학문이 아닌 기예학으로 따로 분류되었는데 그 까닭은 건축이 육체노동을 사용하기 때문이었다. 이것은 여러 학문과 기술(공예술)이 결합된 건축의 융합적 성격을 잘 보여준다.

르네상스 시대 건축은 육체노동인 공예술과 분리된 디자인의 과학으로 정의되었는데 이때만 해도 예술과 과학은 명확히 구분되지 않았다. 회화, 조각, 건축은 예술이자 과학이었고, 르네상스의 천재 레오나르도 다빈치Leonardo da Vinci는 과학자이자 조각가, 화가였고 건축가였다. 물론 아르스Ars는 주로 기예를 의미하고 과학은 수학과 기하학에 바탕을 둔 이성적 이론으로 정의되었지만 디자인을 통해 이 둘은 하나로 통합되었다. 즉, 과학이 없는 예술은 무의미한 것으로 간주되었다.

과학이 오늘날과 같이 인문학과 자연과학으로 구분된 것은 17세기 이후 자연과학 지식이 급증하면서부터다. 이후에는 예술과 과학도 서로 분리되어 각각의 전문적 지식체계를 갖는 자율적 영역으로 발전했다. 과학적 지식은 경험적 방식과 수학적 방법으로 설명되었고, 예술은 정신적, 감성적 영역이 되었다. 이에 따라 18세기 중엽에는 과학 또는 기술과 구분되는 순수예술의 개념이 등장했고,* 기술은 점점 과학적 지식에 의존하게 되었다.

이때부터 건축은 학문적 정체성에 위기를 겪기 시작했다. 급기야 18세기 말 신고전주의 시대부터는 건축이 예술이냐 기술이냐를 두고 골치 아픈 논쟁이 계속되었다. 신고전주의 건축가 불레Étienne-Louis Boullée는 건축을 순수한 디자인의 예술로 정의했고, 롱도레Jean-Baptiste Rondelet는 건축을 구축의 과학으로 정의했다. 18세기까지만 해도 예술이자 과학이었

---

* Charles batteux, *Les Beaux-Arts reduits á un même principe*, 1746.

찰스 바튀의 『Les Beaux-Arts reduits á un même principe』(1746)

그는 순수예술을 음악, 시, 회화, 조각, 무용, 건축, 수사학으로 정의했다.

던 건축이 디자인의 예술과 건설의 과학으로 분리된 것이다.

　　이마누엘 칸트Immanuel Kant, 게오르크 빌헬름 프리드리히 헤겔Georg Wilhelm Friedrich Hegel과 같은 19세기 철학자들은 건축을 예술의 영역에 넣되, 물질과 기술, 기능에 속박되어 있다는 점에서 가장 저급한 예술로 취급했다. 20세기 초 비엔나의 건축가이자 비평가인 아돌프 로스Adolf Loos는 예술을 순수하게 정신적 가치를 만족시키는 영역에 한정하고, 모든 실용적 목적에 봉사하는 건축은 예술의 영역에서 제외되어야 한다고 주장했다. 20세기 초 독일의 바우하우스Bauhaus는 이러한 분열을 극복하고 중세와 같이 예술과 공예, 기술과 산업을 건축 안에서 다시 통합하려고

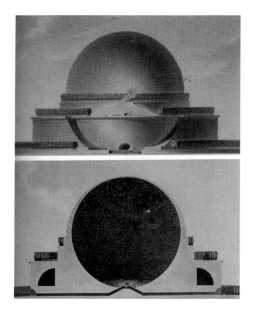

**불레의 〈Cénotaphe à Newton〉**(1784년경)
불레가 계획한 물리학자 뉴튼의 기념비.
그는 건축을 회화와 같이 시각적 감흥을 주는
순수예술로 간주했다.

했다. 그러나 후기 바우하우스의 기능주의자들은 예술로서의 건축을 부정하고 건축을 과학의 반열에 놓았다. 근대건축운동을 주도한 과학주의자들은 예술과 과학의 동질성에 대한 신념을 바탕으로 건축의 예술적 측면, 즉 미적 취향에 관한 문제는 객관적이고 과학적인 과정에 의존함으로써 자연히 해결할 수 있다고 믿었다. 르코르뷔지에Le Corbusier가 말한 '집은 살기 위한 기계'라든지 '엔지니어링의 미학'은 바로 그러한 생각을 암시한다.

이처럼 근대 이후 건축은 예술과 과학, 예술과 기술 사이의 끊임없는 갈등과 타협의 과정 속에서 존재해왔다. 당연한 얘기지만 건축의 학

롱도레의 『Traité de l'art de bâtir』(1802~1817)
롱도레는 건축을 구축술로 보고 이 책을 펴냈다.

문적 정체성에 관한 이러한 논쟁은 역설적으로 건축의 융합적 성격을
대변한다. 즉 건축은 예술과 기술, 과학의 속성을 모두 포함하므로, 어
느 것을 우위에 둘 것인가가 늘 문제였던 것이다. 그러므로 건축이 예
술이냐, 과학이냐, 기술이냐를 따지는 논쟁은 무의미하다. 건축은 이들
을 모두 포함한다. 이것이 고대부터 지금까지 건축이 존재해온 양식이
다. 예술과 기술, 과학 중 어느 것을 우위에 두든지 건축은 건축으로 수
렴된다.

## 건축과 엔지니어링

흔히 건축이 예술이냐 공학이냐를 놓고 논쟁을 벌이기도 한다. 건축과
엔지니어링 사이의 논쟁은 건축을 예술과 과학, 또는 기술 사이에서 어

떻게 규정할 것인가 하는 문제와는 좀 성격이 다르다. 결론부터 말하면, 건축의 학문적 정체성을 논할 때의 쟁점은 예술이냐 과학이냐지, 예술이냐 공학이냐는 아니다. 왜냐하면 엔지니어링은 원래 건축의 일부에 속했던 구조물이나 장치를 만드는 일이 나중에 과학적 원리를 적용하는 독자적 영역으로 전문화되면서 건축과 분리된 것이기 때문이다(엔지니어란 말은 성을 함락시키는 기계 engenium을 만드는 사람에서 유래했다).

미국 엔지니어링 협회의 정의를 보자. 엔지니어링은 "구조물, 기계, 장치나 생산설비, 또는 이것들을 개별적으로나 혼합하여 사용하는 작업을 디자인하고 발전시키는 데 과학적 원리를 창조적으로 적용하는 것, 혹은 이것들을 건설하거나 작동하는 것, 혹은 특정한 작동 조건에서 이들의 움직임을 예측하는 것"이다.* 이 정의에서 드러나듯 엔지니어링은 문제 해결을 위해 과학적 원리를 적용하는 도구적 성격이 강하다.

근대 과학기술이 발전하기 전까지 엔지니어링은 건축의 영역에 속해 있었다. 비트루비우스나 알베르티는 책에서 건축물뿐 아니라 다리와 성벽, 기계 장치에 관한 내용까지 다루고 있다. 르네상스 시대에 건설된 리알토 다리Ponte di Rialto의 설계를 현상 공모할 때 안드레아 팔라디오Andrea Palladio와 부오나로티 미켈란젤로Buonarroti Michelangelo 같은 당대의 건축가들이 모두 참여했다는 사실도 이를 증명한다. 로마시대에는 간혹 건축가와 엔지니어를 구분하기도 했지만 대체로 두 가지 명칭을 통합적으로 사용했다.

건축가와 엔지니어를 어렴풋이 구별하기 시작한 것은 르네상스 때부터다. 건축가는 주로 이론적 지식을 갖추고 전체 공사를 총괄하는 감

---

* The American Engineers' Council for Professional Development (ECPD, the predecessor of ABET), *Canons of ethics for engineers*, Engineers' Council for Professional Development, 1947.

독자를 지칭했고, 엔지니어는 디자인에 대한 지식보다는 실행기술에 대한 전문지식을 가진 사람으로 구별했다. 그러나 그 구분도 명확하지는 않았다. 르네상스 시대에도 같은 군사시설이 때로는 건축에, 때로는 엔지니어링에 속했고, 두 명칭이 혼용되기도 했다. 건축가이자 엔지니어인 경우가 많았으며, 엔지니어를 건축가로 임명하는 경우도 많았다. 예를 들면 르네상스 시대 성 베드로 성당의 건축에 참여한 안토니오 코리올라니 다 상갈로<sup>Antonio Coriolani da Sangallo</sup>는 엔지니어이자 건축가였고 도나토 브라만테<sup>Donato Bramante</sup>는 자신을 엔지니어로 불렀다. 그래서 건축가·엔지니어라는 통합 명칭도 많이 사용되었다. 17세기까지만 해도 당대 최고의 건축가가 당대 최고의 엔지니어이기도 했다. 17세기 영국 바로

© Chene Beck

© Arpingstone

**왼쪽_베네치아의 상징이 된 리알토 다리**
팔라디오와 미켈란젤로 같은 당대 최고의 건축가들이 다리 설계의 현상 공모에 참여했다.
이들을 제치고 공모에 당선된 안토니오 다 폰테 역시 건축가였다.

**오른쪽_로마의 스페인 계단**
스페인 계단 역시 건축가 프란체스코 데상크티스와 알레산드로 스페키가 설계했다.

크 건축의 거장인 크리스토퍼 제임스 렌<sup>Cristopher James Wren</sup>이나 프랑스 신고전주의의 거장 자크 제르맹 수플로<sup>Jacques Germain Soufflot</sup>는 당대 최고의 건축가이자 엔지니어였다.

그러나 18세기 말 산업혁명과 근대적 과학기술이 발전하면서 엔지니어링은 건축과 분리되기 시작했다. 산업혁명으로 철과 유리와 같은 새로운 재료와 기술이 등장하면서 엔지니어들은 수학과 과학 지식으로 무장한 새로운 건설자로서 등장했다. 이들은 장식이나 미학에 훈련되지는 않았지만 아름다움은 이들에게 관심의 대상이 아니었으므로 문제가 되지 않았다. 엔지니어들은 미학적 고려 없이 실용적인 목적을 위해 과학적 원리를 적용하였고, 이들은 기능적인 구조물을 만드는 전문가로 성장했다.

18세기부터 엔지니어들은 새로운 전문직 종사자로 인정받기 시작했다. 프랑스에서는 국립 토목학교인 에콜 데 퐁제쇼세에서 1747년에 처음으로 엔지니어를 교육했고, 영국에서는 1818년에 엔지니어 협회가 만들어졌다. 이들은 점차 건축가들을 위협했고 19세기 들어 건축가와 기술자 사이에는 경쟁과 갈등 관계가 형성되기도 했다.

건축가들은 독자적인 전문 영역으로 자리 잡은 엔지니어링과 엔지니어가 궁극적으로 건축과 건축가를 대체할지도 모른다고 우려했다. 실제로 19세기 후반에는 엔지니어가 건축가를 대체해야 한다는 주장도 있었다. 르코르뷔지에도 1923년에 "엔지니어는 건강하고 정력적이며, 적극적이고 유능하며, 균형이 잡혀 있다. 따라서 그들이 우리의 건설자가 될 것이다"라고 선언했다. 그러나 그의 주장은 건축가가 엔지니어가

되어야 한다거나 엔지니어링이 건축을 대체해야 한다는 것이 아니라 건축가가 엔지니어로부터 배워야 한다는 뜻이었다. 그는 기술자를 찬양했지만 건축을 순수한 정신의 산물로 정의하고 건축가와 기술자를 명확히 구별했다.

앞에서 설명했듯이 건축은 단순한 기능적 구조물이 아니라 미학적 가치와 문화적 의미가 부가된 것이다. 여기에 건축과 엔지니어링의 근본적 차이가 있다. 오랜 역사를 거치면서 형성된 건축의 개념에 대한 사회적 합의가 바뀌지 않는 한 엔지니어링과 건축은 별개의 영역일 수밖에 없다. 엔지니어링 구조물 중에서도 디자인 의도가 강한 것은 건축가가 설계하는 것이 지금까지 이어지는 서양의 문화적 전통이다. 런던 템즈 강의 밀레니엄 다리는 엔지니어가 아니라 건축가인 노먼 포스터Norman Foster가 설계했다. 영국 런던의 송전탑은 건축가 리차드 로저스Richard Rogers가 설계했다. 이들 구조물에는 단순한 엔지니어링 구조물에는 없는 상징과 표상, 문화적 규범, 즉 디자인의 문제가 담겨 있다. 건축을 디자인에 관한 전문 영역으로 정의하는 한 엔지니어링이 건축을 대체할 수는 없다.

한국에서는 오랫동안 건축 대신 건축공학이라는 용어를 사용해왔다. 여기에는 건축설계와 건설공학이 모두 포함되어 있었다. 즉 건축은 공학의 한 분야로 간주된 것이다. 최근에 와서야 건축학이란 용어를 쓰며 건축설계를 건축학으로 분리하고 건축기술과 관련된 분야를 건축공학으로 정의하고 있지만 이 말은 자기 모순적이다. 공학은 공학이고 건축은 건축이다. 유럽에서는 건축공학이라는 용어 자체를 쓰지 않는다.

**런던의 밀레니엄 다리**

밀레니엄 다리는 2000년 밀레니엄을 기념해서 만든 보행자 전용 다리이다.
엔지니어링 구조물이라도 디자인 의도가 강할 경우 건축가가 설계하는
문화적 전통에 따라 건축가 노먼 포스터가 설계하였다.

건축공학이라는 조어는 1842년 미국에서 처음 사용되었는데, 1990년
대 중반부터는 미국국회도서관 도서분류법에 의해 건축공학이라는 용
어를 쓰지 않도록 하고 있다.*

---

* 김봉렬 외, 『건축교육의 미래』, 1999, 발언, p. 24.

# 건축가의 정의와
# 새로운 정체성

건축의 정체성에 대한 논쟁은 자연스럽게 건축가의 정의와 역할에 대한 논쟁과 연결된다. 건축가를 뜻하는 아키텍트의 어원은 그리스어 아키텍톤arkhitekton인데, 여기서 아키arkhi는 '으뜸'이란 뜻이고 텍톤tekton은 테크네Techne에서 왔다. 어원의 의미대로 뜻을 풀어보면 '만드는 사람 중의 으뜸'이 된다. 아키텍트라는 단어에는 장인들의 우두머리 역할을 하는 건축가의 특성이 잘 담겨 있는 셈이다.

그러나 르네상스 이후 건축이 디자인으로 정의되면서 건축가는 장인과 구별되기 시작했다. 로마시대에 비트루비우스가 건축가를 통합적 지식인이자 장인(기술자)으로 정의한 반면, 르네상스 시대에 알베르티는 건축가를 예술가, 철학자, 인문학자와 같은 학자·지식인의 반열에 올려 놓았다. 그리고 알베르티의 정의는 유럽에서 건축을 인문예술학으로 보는 전통을 형성했다.

그렇다고 르네상스 시대의 건축가를 현재적 의미의 예술가로 간주하기는 어렵다. 18세기 이전의 예술은 합리적이고 이성적인 질서인 우주의 원리를 모방한다는 점에서 과학과 크게 다르지 않았다. 예술은 인문학이자 과학의 일부였고, 건축가는 예술가이자 인문학자이고 과학자였다. 따라서 르네상스의 디자이너·건축가는 현재적 의미의 예술가라기보다는 실무 기술과 이론을 겸비한 전문가·학자로 정의하는 것이 더 정확하다.

하지만 18세기 이후 예술과 과학이 분리되고, '예술이 상상력과 직관에 의존하는 자의식적 창조'라는 낭만주의적 예술 개념이 등장하기 시작했다. 이때부터 건축가를 창조적 예술가로 볼 것인지, 구축 기술에 정통한 기술자로 볼 것인지 논쟁이 생기게 된 것이다. 말하자면 건축가가 예술가냐 기술자냐의 논란은 19세기 건축의 전문직화 과정에서 발생한 것이다.

## 건축가는 기술자인가, 예술가인가

어떤 사람들은 건축가란 근본적으로 기술자이고 집의 시공과 관련된 기술 지식을 가진 전문가라고 본다. 이러한 정의는 건축에서 예술적 영역은 있으면 좋고 없어도 그만이라는 인식을 바탕으로 한다. 건축가가 예술가로 대접받는 것은 부수적이거나 지극히 예외적일 뿐이라고 생각한다. 엔지니어가 건축가를 대체하거나 통합해야 한다는 19세기의 주장과 같은 맥락이다. 그러나 이런 주장은 건축을 정의하는 데 있어 가장 중요한 디자인의 가치를 간과한 것이다.

엔지니어링이란 제한된 조건에서 수학적, 과학적 원리를 적용하여 문제를 해결하는 것을 말한다. 엔지니어가 다루는 문제는 명확하고 확실한 조건을 갖고 있으며 기능적이고 실용적인 답을 요구한다. 그래서 엔지니어가 디자인에 개입하는 범위는 매우 제한적이다. 건축 디자인에서 중요한 미학적, 문화적 규범의 문제는 엔지니어의 고민거리가 아니다. 물론 에펠탑과 같이 엔지니어링 구조물도 건축이 지향하는 미적 수준을 성취할 수 있고 기술자도 엔지니어링 구조물을 아름답게 만들 수 있다. 하지만 미학적 구조물을 만드는 게 엔지니어의 궁극적 과제는 아니다. 바르셀로나 송전탑을 설계한 산티아고 칼라트라바Santiago Calatrava Valls 처럼 기술자이면서 동시에 건축가일 수는 있다. 이들은 건축가의 감각과 능력을 지닌 엔지니어라고 할 수 있다. 실제로 19세기에는 상당수의 젊은 건축가가 과학적 원리에 바탕을 둔 엔지니어링의 힘과 가능성에 매료되어 엔지니어링을 공부했고, 그 결과 건축가이면서 동시에 기술자로 활약하기도 했다. 그러나 건축가가 곧 기술자이거나, 기술자가 건축가를 대체할 수 있는 것은 아니다.

반대로 건축가를 예술가로 정의하는 사람들도 있다. 19세기 영국의 존 러스킨John Ruskin은 건축가를 예술가라고 보았다. 그는 건축가는 엔지니어가 아니라 조각가와 통합되어야 한다고 주장했다. 그의 생각은 건축과 공예품의 기계화, 산업화에 반대하는 예술공예운동을 일으켰고, 아르누보Art Nouveau와 같은 근대건축운동의 토대가 되기도 했다. 그러나 건축가를 예술가라고 하는 것 또한 반쪽짜리 정의이다. 건축은 상상력과 직관을 활용한 창조성의 표현이라는 점에서 예술의 영역에 있지만,

**바르셀로나 송전탑**

칼라트라바는 기술자이면서 동시에 건축가이다. 그가 설계한 송전탑은
기술의 실용성과 건축미를 효과적으로 배합한 건축물로 손꼽힌다.

기능과 실용성을 만족함으로써 현실 생활에 개입한다는 점에서 예술의
영역에 속하지 않는다. 또 제작이라는 물질적 구축 과정에 구속된다는
이유 때문에 건축은 항상 예술 안에서도 저급한 영역에 머물러 왔다.

물론 예술가도 작품을 제작하기 위해서 재료와 구축술에 대한 지식과 경험이 필요하지만 이를 두고 건축가라고 하지는 않는다. 예술은 기술을 이용하지만, 실용적이고 기술적인 문제를 해결하는 것이 예술 창작의 중심 가치는 아니기 때문이다. 건축가 역시 예술가적 속성을 갖지만 예술가는 아니다. 그래서 프랑스의 건축가 오귀스트 페레^Auguste Perret 는 "건축가는 예술가이지만, 단지 예술가만은 아니다"라고 정의했다.

　　건축가는 기술자도 예술가도 아니다. 건축의 범주에는 기술의 영역과 예술의 영역이 모두 존재한다. 그래서 뛰어난 건축가는 양면을 모두 갖춘 사람이어야 한다. 렌조 피아노를 다시 한 번 인용하면 "뛰어난 피아니스트가 되기 위해서는 피아노 앞에서 자기의 과학적 능력을 충분히 소화한 다음 그것을 잊어버릴 수 있어야 한다. 마찬가지로 건축가는 방대한 기술적 지식을 소유해야 하며 가장 최신의 기술적 진보에 대해서 정통해야 한다."

　　물론 유능한 건축가는 두 가지 능력을 모두 겸비한다. 하지만 이는 쉽지 않은 일이다. 그래서 건축가들은 통상 몇 가지 유형으로 나뉜다. 예를 들면 기술적 문제를 주로 해결하는 건축가, 디자인을 주로 하는 건축가, 행정 절차나 법규 체크를 주로 하는 건축가, 프로그램이나 공사 관리를 하는 건축가 등이 있다. 건축은 복합적 과정의 산물이기 때문에 그 안에서 전문화가 이루어져 왔고, 여러 유형의 건축가들이 존재한다.

　　건축가의 다양한 유형은 최근에 발생한 것이 아니다. 건축의 전문 직화가 이루어지던 18세기에 이미 공사를 관리하는 건축가인 서베이어와 디자인을 담당하는 건축가의 구분이 있었고, 디자이너도 교양인 건축가와 예술가적 건축가, 장인적 건축가 등 여러 유형으로 나뉘어 공존했다. 현재도 이처럼 다양한 유형의 전문성을 가진 건축가가 활동한다. 비록 전문 영역에서 차이가 있을망정 이들은 모두 건축가다.

## 건축가의 새로운 역할상, 코디네이터

건축의 융합적 성격 때문에 건축가에게는 늘 통합적 능력이 강조되어왔다. 비트루비우스가 제시한 건축가 교육은 건축가가 실로 다양한 분야의 전문지식을 습득한 통합적 지식인이어야 함을 강조한다. 르네상스인이라는 말이 있다. 이는 '만능인'이란 뜻으로 사용되는데, 실제로 르네상스 시대 건축가들은 예술, 과학, 인문학에 모두 정통한 지식인이었다.

그러나 과학기술과 산업이 발전하고 기능적 프로그램이 복잡해지면서 건축의 영역도 점차 분화되고 전문화되었으며, 건축의 규범과 이론도 변했다. 르네상스 시대에 디자인과 건설이 분리된 이래 19세기에는 건축과 엔지니어링이 분리되었고, 도시설계와 계획이 건축과 분리된 독립적 영역으로 발전했다. 이제 건축의 복잡한 디테일은 건축가의 손을 거치지 않고 엔지니어링에 의해 제공되기도 한다. 이를 두고 렌조 피아노는 엔지니어링도 건축가에겐 하나의 조립해야 할 물질이고 과거 건축가가 가진 수공예적 능력이 조립의 능력으로 변화했을 뿐이라고 말하기도 한다.

물론 건축은 이 모든 것을 통합한다. 그러나 과거와 달리 건축가 한 사람이 모든 분야의 전문지식을 다 겸비하기는 어렵다. 이제 여러 분야의 전문가들이 건축 과정에서 서로 협력할 수밖에 없다. 그 결과 건축 디자인은 단순히 형태와 장식을 다루는 일을 넘어 건축 과정에 관련된 다양한 전문가와 협력하고 각각의 업무를 조율하는 일로 업무 범위가 확대되었다. 그러나 건축 과정의 분화와 전문화에도 불구하고 전체를 조율하는 전문가로서 건축가의 지위는 유지되어왔다. 즉 현대사회에서 건축가는 단순한 형태 디자이너에서 복합적 과정의 코디네이터로 그 역할이 바뀌었다. 현대건축가가 갖추어야 할 덕목은 이제 통합보다는 협력과 조율이고, 현대건축가에게 필요한 능력은 입체적이고 종합적인 사고다. 그래서 국제건축사연맹의 건축실무 기준도 이러한 측면을 강조한다.*

20세기 초 근대건축운동의 거장 발터 그로피우스Walter Gropius는 통합적 마스터로서의 전통적 건축가의 역할 대신 팀워크의 중요성을 강조했다. 그는 현대건축이 복잡해졌기 때문에 건축가는 다른 전문가들(사회학자, 경제학자, 심리학자, 기술자)과 같이 팀을 꾸려 그 팀의 동등한 일원으로서 일해야 한다는 이론을 제시했다. 이에 따르면 건축 디자인과 실행 과정에서의 모든 의사결정도 팀이 공동으로 책임을 진다.

그러나 그로피우스의 이론은 현실에서 제대로 작동하지 않았다. 건축 과정에는 효율적 의사결정이 필요하고 그 역할은 현실적으로 건축가가 맡을 수밖에 없기 때문이었다. 이것이 코디네이터로서 건축가의 역할이다. 그로피우스가 만든 설계회사 TAC가 팀 작업을 강조했지만 결국 실패한 것은 코디네이터로서 건축가의 역할이 얼마나 중요한지를 잘 보여주는 사례이다.

---

* Practice of Architcture, "Uia Accord On Recommended International Standards Of Professionalism In Architectural Practice and recommended guidelines".

# 한국 건축 개념의
# 오염된 뿌리

## 공학기술로 자리 잡은 한국의 건축

한국에서는 건축을 공학 또는 기술로 인식한다. 건축이 공학이라는 주장은 현실론에 뿌리를 두고 있다. 건축(공)학과가 공과대학에 속해 있고 건축(공)학과 졸업생 다수가 건설회사에 취업하며, 시공·구조·설비와 같은 기술 분야에 종사한다는 것이 그 뿌리다. 건축설계에 예술적 측면이 있는 것은 인정하지만 이는 건축의 일부분이며, 이 때문에 건축을 예술로 정의하는 것은 침소봉대하는 것이라고 생각한다. 심지어 건축 전문가라고 하는 건축가나 교수 중에도 건축은 공학기술이고 예술로서의 건축은 아주 특별한 부분에 속하는 것이라고 생각하는 사람이 많다. 이러한 인식은 서양에서 발전해온 건축의 개념과는 다르다.

다 아는 얘기지만 한국에 서구의 건축이 본격적으로 도입된 것은 일본을 통해서다. 일본은 19세기 후반 메이지유신(明治維新) 이후 서양문물을 본격적으로 받아들이면서 서양건축을 수입했다. 1871년 영국인 건축가 조시아 콘도르Josiah Condor가 동경대학교 공부대학(工部大學) 조가학과(造家學科)의 교수로 부임하면서 서양건축을 처음으로 가르치기 시작했다. 그러나 동양문화에서 디자인 위주의 서구건축 개념은 생소한 것이었고, 한두 명의 서양건축가가 쉽게 전수할 수 있는 성격이 아니었다. 때문에 초기에는 서양의 다양한 조적조 양식건축을 서구의 선진 기술로서 도입했다고 하는 것이 더 정확한 설명이다.

일본은 전체적인 건축교육의 틀도 폴리테크닉의 기술교육을 모델로 삼았다. 그러다 유럽에서 건축을 배운 다츠노 긴코(辰野金吳) 등의 유학생이 귀국하면서 디자인 중심의 서양식 건축 개념이 소개되어 건축이 예술이라는 인식이 생겨났고, 의장(장식 또는 디자인)을 중요시하게 되었다. 나아가 이토 츄타(伊東忠太), 세키노 다다시(關野貞) 등을 중심으로 동양건축 연구에도 건축이 예술이라는 인식이 반영되었다. 그러나 20세기 초 대지진을 겪으면서 구조와 방재 위주의 기술적 개념이 건축을 지배하게 되었고, 근대적 재료인 콘크리트와 근대 기능주의 건축이 도입되면서 이러한 경향은 더욱 확산되었다. 1차 세계대전 이후에는 공업입국의 기치 아래 기술교육이 한층 강화되었고, 이것이 일제강점기 한국에 도입된 기술 위주의 건축교육에 절대적 영향을 미쳤다.

일제강점기 건축교육은 1915년 경성공업전문학교를 시작으로 해서, 1922년 경성고등공업학교, 1926년에는 경성제국대학에서 이루어졌다. 일제강점기에 도입된 한국의 건축교육은 서구적 의미의 건축가 교육이라기보다는 식민지 통치에 필요한 하급 관리와 기술자를 양성하기 위한 기초적인 실업교육의 성격을 띠고 있었다. 건축은 새로운 구조와 재료, 시공법으로 인식되었고 당연히 기술과 공학 위주로 건축교육이 이루어졌다. 서구건축의 장식과 디테일의 제도를 의장이라는 이름으로 가르쳤으나 이 또한 기술로 받아들여졌다. 이들이 배운 건축은 서구건축의 디자인 디서플린이 아니라 새로운 양식 유형과 구조 기술, 디테일, 장식 등 실제에 쉽게 적용할 수 있는 선진 기술이고 기능이었다. 건축 자체를 공학 또는 기술로 보는 전통은 이때 시작되어 지금까지도 한국사회에 깊이 뿌리내리고 있다.

건축물의 설계와 시공 과정에서 다양한 공학 지식과 정보, 기술이 활용되고, 특정한 기술적 문제를 해결하는 데 공학이 필요한 것은 사실이다. 하지만 집을 설계하고 짓는 과정에서 공학은 중심적 역할을 하지 않는다. 어떤 기능을 공학적으로 만족시킬 수 있는 형태는 여러 가지가 있을 수 있기 때문에 공학의 원리가 건축 디자인을 결정할 수는 없다. 구체적 문제를 공학적으로 해결하는 것은 엔지니어링의 영역이지만 전체의 조율과 통합을 통해 적절한 디자인의 해답을 만드는 것은 건축가의 역할이다. 역설적인 사실은 건축을 공학으로 정의하는 한국에서 제일 취약한 분야가 바로 엔지니어링이라는 점이다. 한국에는 오브 에럽 <sub>Ove Arup</sub> 같은 세계적인 엔지니어링 회사나 엔지니어가 없다. 건축이 공학인데 말이다.

## 건축 개념의 혼란상

서양의 건축 개념은 우리에겐 전혀 새로운 문화 영역이었고, 기초부터

차근차근 쌓아가야 할 새로운 학문이자 지식체계였다. 이를 위해선 서양건축의 바탕에 있는 개념과 원리를 이해하는 것이 필요했다. 기술을 배워야 할 뿐 아니라 이론과 학문적 배경을 이해하고 거기에 예술적 창의성을 더해야 했다. 그러나 일제강점기와 전쟁을 겪은 후 압축적 근대화를 추진하는 상황에서 한국 건축가들에게는 충분한 시간과 기회가 주어지지 않았다.

많은 건축가가 한국에서 건축을 공학으로 인식하는 것은 건축의 본질을 이해하지 못한 소치라고 개탄한다. 그리고 건축을 고급문화에 속하는 예술이라고 주장한다. 어떤 이들은 건축을 인문학이나 사회과학으로 정의하기도 한다. 이러한 주장에는 모두 나름대로의 근거가 있다. 건축은 인간과 자연, 주변 환경과의 관계에 대한 이론과 공동의 규범에 관한 것이기 때문이다. 문제는 건축에 대해 이렇게 서로 다른 정의를 내리면서 그들끼리도 소통이 잘 안 되는 것이다. 그래서 한국에서는 건축을 정의하는 것 자체가 매우 어렵고 난감한 일이다. 건축을 전공하는 사람들이 모여도 대화가 잘 안 된다.

건축의 융합적 성격을 고려하면 당연한 일이라고 생각할지도 모른다. 외국의 건축가들도 건축에 대해 서로 다른 정의를 내리는 것은 마찬가지다. 예를 들면 프랭크 게리Frank Gehry는 건축을 예술로 정의하지만, 노먼 포스터는 문제 해결의 기술로 정의하고, 피터 아이젠만Peter Eisenman은 철학적 실천으로 본다. 하지만 서양에서는 어느 경우에도 건축이라는 학문의 정체성과 뿌리는 흔들리지 않는다. 그들에게는 건축을 정의할 때 무엇을 중심에 놓아야 하는가의 문제일 뿐이다. 그러나 한국은 상황이 다르다. 한국에는 건축이라는 문화의 토대와 학문의 뿌리가 없고 곁가지만 있다. 뿌리를 공유하지 못한 채 각자의 입장이 너무나 확고해서 도무지 소통이 어렵다. 그래서 한국의 건축 논쟁은 마치 장님이 코끼리를 만지면서 제각기 코끼리의 형태를 주장하는 것과 같다.

# 식민지 문화와
# 파편화된 건축

학문체계는 피라미드나 탑과 같은 거대한 구조물에 비유할 수 있다. 오랜 역사를 통해 축적되어온 지식의 전체 구조가 존재하고, 부분은 전체를 이루는 지식의 구조 안에서 이해된다. 그러나 한국에 도입된 서양 학문은 전체의 토대가 없는 상태에서 부분만 수입해온 꼴이다. 말하자면 각론은 있되 총론은 없는 것이 식민지적 근대 학문의 현실이다. 파편화된 지식 수입과 의미 왜곡, 그리고 탈맥락화는 식민지 근대 학문의 특징이다(물론 여기에는 혼성성Hybridity이라는 긍정적 측면이 있기도 하다*).

건축은 이러한 지식의 탈맥락화가 아주 심한 편이다. 전문화된 근대 학문인 자연과학, 공학, 사회과학, 예술 분야는 그래도 좀 낫다. 이들은 개별적으로 받아들여도 학문의 토대가 광범하고 복잡하게 얽혀 있지 않기 때문에 상대적으로 습득하기 수월하다. 학문의 정체성에 대한 오해와 논란이 있을 일도 없다. 그러나 건축과 같이 역사적으로 뿌리

* 펠리페 에르난데스, 「건축과 철학: 바바」, 이종건 역, 시공문화사, 2010.

가 깊고, 철학과 미학, 예술과 기술, 공학과 사회학이 광범하게 얽혀 있는 융합적 학문은 좀 다르다. 전체적인 지식의 토대와 배후에 있는 지식의 연결망을 이해해야 하는데, 그 윤곽을 파악하는 게 쉽지 않다. 게다가 근대 이후 전통적인 예술, 과학, 공학, 인문학뿐 아니라 사회학, 인류학, 심리학, 행동과학 등 새로운 근대 학문들까지 건축에 접목되었다. 그러니 전체를 보지 못한 채 자신이 습득한 부분적 관점에서 각자 건축을 정의하고 주장하는 것이다. 융합적 학문으로서 건축의 문화적 토대와 학문적 뿌리가 없는 우리나라에서 건축은 기술, 예술, 과학, 인문학, 사회학으로 분리된 채 각각 단편적으로 존재한다. 이것이 근대 학문을 파편적으로 받아들일 수밖에 없었던 식민지 건축 문화의 현실이다. 그래서 서구의 관점에서 보면 우리 건축은 항상 무언가 부족하다.

## 전문성은 없고 영역만 있다

건축 개념의 파편화는 우리나라 건축의 학문적 체계에 그대로 반영되어 있다. 건축의 통합적 디서플린이 없는 상태에서 건축 관련 학문은 수많은 전문 분야로 나뉜다. 예컨대 건축 관련 학회만 보더라도 문화공간학회, 교육시설학회, 의료복지시설학회, 청소년시설학회, 농촌건축학회, 현대한옥학회 등 수많은 분야로 분화된다. 그리고 그 조각은 지금도 계속 늘어난다. 아마 한국처럼 많은 건축 관련 학회나 협회가 존재하는 나라는 없을 것이다.

사실 이들은 모두 건축의 디서플린 안에 있는 다른 프로그램일 뿐이다. 건축이 디자인·빌드에 관한 전문직 영역이라는 관점에서 보면 모두 동일한 전문지식을 기반으로 하는 일이다. 예컨대 청소년시설이나 교육시설은 프로그램은 다르지만 특별히 다른 디자인의 전문성이 요구되는 건축은 아니다. 건축의 전문성은 다양하게 주어지는 프로그램을 해석하여 그에 적합한 공간을 조직하고 형태를 구성하는 능력에 있다. 학문은 전문성이 문제이지 영역의 문제는 아니다. 전문성이 있으면 영역은 넘나들 수 있다. 그러나 한국의 건축 관련 학문은 전문성 없이 영역만 차지하고 있다. 한국에 존재하는 수많은 건축 관련 학회는 학문을 추구하는 학자들의 공동체라기보다는 영역을 확보하여 프로젝트를 하기 위한 이익집단의 성격이 강하다. 그래서 군소 학회마다 관련 공무원, 업계, 학계의 이해관계자들이 모여든다. 식민지 학문의 단면이다.

이런 상황은 구조, 설비, 전기와 같은 엔지니어링 분야도 마찬가지다. 예컨대 건축구조와 토목구조가 나뉜 나라는 한국과 일본뿐이다. 서양에서 엔지니어링은 건축과 토목, 건축과 기계의 구별이 없다. 그래서 엔지니어링이 훨씬 전문적이다. 이것 역시 전문성보다는 영역을 앞세우는 우리의 학문적 현실을 보여준다.

## 공중분해 중인 한국건축

건축물과 건조 환경을 다루는 포괄적 학문으로서의 건축 개념은 아직도 뿌리내리지 못했다. 여기에 각자의 전문성을 주장하는 신흥 디자인 분야까지 가세해 건축의 파편화는 더욱 심해지고 있다. 현재 건축과 분리되어 있는 도시와 실내, 조경 디자인은 원래 건축의 영역에 속한다. 국제건축사연맹은 건축 실무를 "도시계획과 건물 또는 건물군의 디자

인과 건설, 확장, 보존, 복원, 변경에 관한 전문적 서비스를 제공하는 것"이라고 정의한다.•

유럽에서는 지금도 건축가가 건축뿐 아니라 도시부터 가구, 조명, 산업, 패션에 이르기까지 모든 디자인 영역에서 활동한다. 외국의 대형 건축사무소는 건축뿐 아니라 도시계획, 도시설계, 조경, 인테리어, 그래픽 디자인을 포함하는 다양한 건축서비스 능력을 갖추고 있다. 하지만 한국에서는 그나마 남아 있는 건축의 영역마저 경관디자인, 외관디자인, 환경디자인, 공공디자인, 심지어는 공간디자인과 같은 온갖 디자인으로 공중분해되고 있다. 이런 식으로 가면 궁극적으로 건축에 남는 것은 무엇인가? 건축물과 건조 환경의 디자인·빌드를 총괄하는 영역으로서의 건축은 사라지고, 각각의 세부 디자인만 남을 것이다. 당연히 디자인과 시공을 총괄하는 전문직으로서의 건축가가 설 자리는 사라질 것이다. 이것이 지금 우리 건축이 처한 현실이다.

최근 건축의 역할과 중요성에 대한 사회적 인식이 높아지면서 건축의 영역은 오히려 위축되고 새롭게 분화된 개별 디자인 영역이 등장하고 있다. 한국의 건축가들은 이들을 통합하고 총괄하는 게 아니라 이들과 경쟁하는 처지가 되었다. 국제 기준의 건축사교육인 5년 이상의 건축학위를 받은 졸업생은 점점 많아지는데 이들의 활동무대는 점점 좁아진다. 상황이 이렇게 된 근본적 원인은 포괄적 학문으로서의 건축이 우리 사회에서 제대로 제도화되지 못한 데 있다.

전문화와 함께 건축의 융합성은 앞으로 점점 더 확대될 것이다. 그러나 통합적 학문으로서 건축의 정체성을 바로 세우지 못하면 결국 건

---

• Practice of Architecture, "Definition, in UIA Accord on Recommended International Standards of Professionalism in Architectural Practice and Recommended Guidelines".

축은 공중분해되어 각 전문 분야로 나누어지고 총괄적 조율자로서 건축가의 역할은 사라지고 말 것이다. 어쩌면 그로피우스가 말한 팀워크 이론이 한국에서는 실현 가능할지도 모른다. 그러나 이 경우 팀의 리더는 건축가가 아니라 개발을 기획하거나 재정을 담당하는 전문가가 될 가능성이 높다. 지금 한국 건축계는 기로에 있다. 건축의 정체성을 바로 세울 것인가, 아니면 건축의 해체와 개별 디자인으로의 분화를 바라보고만 있을 것인가.

## 건축의 파편화는 왜 문제인가

한국건축의 파편화가 초래하는 문제점을 살펴보려면 각 지방자치단체마다 있는 도시계획위원회나 건축위원회를 보면 된다. 도시계획위원회나 건축위원회에는 건축뿐 아니라 구조, 소방, 도시, 환경, 교통, 조경 등 다양한 분야의 전문가들이 참여한다. 여기서 각 분야의 전문가들은 나름대로 심의 건축물에 대해 자신의 의견을 개진한다. 그리고 각각의 관점에서 설계 수정을 요구한다.

　예를 들면 소방 전문가는 소방 설비와 피난의 관점에서 계단의 위치나 구조를 변경하라고 하고, 환경 전문가는 에너지 효율을 높이기 위해 형태나 외피 디자인을 수정하라고 하고, 교통 전문가는 주차나 주행의 안전성을 문제 삼아 도로 구조나 주차장 디자인을 바꾸라고 한다. 대개 각 분야별 전문가의 주장은 완고하다. 그로 인해 전체적인 건축 디자인의 틀이 바뀌는 것은 각 영역의 전문가들에겐 별로 중요하지 않다.

　그들이 부분적인 문제를 지적하거나 대안을 제시할 수는 있다. 그러나 각각의 주장은 서로 모순적이고 충돌하는 경우가 많다. 이를 조율하고 절충하여 최적의 설계안을 만드는 것이 건축이고 건축가의 역할이다. 그러나 소위 각 분야별 전문가들은 자신의 관점에서 주장을 관철시키려고 설계 변경을 요구한다. 이런 일이 벌어지는 까닭은 우리 사회에 통합으로서의 건축 개념이 없기 때문이다.

## 디자인과 학문의 파편화

건축의 파편화는 디자인 경향에도 나타난다. 요즘은 국제화와 정보매체의 발달로 서양의 최신 디자인 경향이 곧바로 우리나라 건축계에 수입된다. 잡지나 인터넷을 통한 정보와 이미지는 거리를 초월하여 거의 실시간으로 유통되고, 서양의 이렇다 할 건축학교에는 한국 유학생이 넘쳐난다. 이들은 최신 건축 디자인 경향을 실어 나르는 충실한 문화전파자 역할을 한다. 그러나 문제는 외국의 새로운 디자인 이론과 경향들은 그 나라의 문화적 맥락에서는 의미가 있지만 그곳을 벗어나는 순간 탈맥락화된다는 점이다. 예컨대 서양의 아방가르드적 경향이 한국에서는 본래의 의미가 왜곡된 채 신상품처럼 소개되고 그곳에서는 평범한 건축이 우리나라에 오면 아방가르드가 되기도 한다. 원래는 부정적이고 비판적인 건축 개념이 한국에는 비판적 의미가 거세된 형식적 언어로 소개되기도 한다. 건축을 지탱하는 문화적 토대가 없는 상황에서 벌어지는 현대건축 경향의 단편적 수입과 탈맥락화는 한국 현대건축의 현실이다.

　　파편화는 한국 건축학계도 마찬가지다. 유학 당시에 경험한 서구건축학계는 늘 어떤 이론적 주제를 놓고 깊이 있는 학문적 논쟁을 벌였다. 그리고 대개 이론적 주제는 건축의 범위를 넘어 예술, 문화 이론, 철학으로 확장되었다. 논쟁에는 광범하고 다양한 학자들이 적극적으로 참여해 첨예하게 대립했다. 서로 논쟁할 수 있는 공통의 학문적 기반이 있기에 가능한 일이다. 이런 문화가 바로 서양의 건축을 뒷받침하는 토대다.

　　그러나 한국에서는 학술적 토론이 거의 불가능하다. 학문적 논쟁은 영역을 넘어 언어와 개념을 공유한 학자들의 집단이 있어야 가능하다. 그러나 건축에 대한 한국 학자들의 생각은 각자의 단편적인 프레임에 갇혀 있는 경우가 많아서 대화가 쉽지 않다. 본래 건축의 이론적 배후는 광범하게 얽혀 있는데 학자들의 시각은 부분적이어서 서로 소통이 어려운 것이다. 심지어 건축 역사와 이론을 전공한 학자들도 마찬가지다. 예를 들면 현대건축을 논할 때 핵심적인 주제인 근대성Modernity과 근대양식Modernism의 개념도 잘 공유되지 않으니, 한국에서 근대건축을 어떻게 정의해야 하는지는 논의를 시작하기조차 막막하다. 학문적 소통의 기초가 되는 개념에 대해서도 논란을 겪어야 하니 학술적 토론은 애당초 기대하기 어렵다. 건축의 정의 자체가 혼란스러운데 더 이상 무슨 말이 필요하랴.

　　학문의 토대가 취약하니 어떠한 권위도 인정하지 않는 것이 한국 건축계의 특징이다. 그래서 한국의 건축학은 항상 서양의 건축(가)과 이론에 의존하고 그에 대한 소개나 해설에 머문다. 또 서양건축에 대한 난해한 이론과 해설을 장황하게 늘어놓으면서도 그것이 한국건축의 현실과 어떤 관계를 갖는지는 설명하지 않는다. 서양의 문화적 맥락에서 등장한 개별적이고 단편적인 건축은 한국에서 그저 따라야 할 모범이 된다.

　근본적인 지식을 습득하면 그것을 지역의 상황에 맞춰 비판적으로 적용할 수 있어야 하는데 우리에겐 아직 그럴 만한 역량이 없다. 그래서 학문은 축적되지 않고 늘 원점을 맴돈다. 모래성을 쌓는 것과 마찬가지다. 결과적으로 학문의 파편화는 지속되고 학문적 연구는 개인적인 것으로 소모되고 만다. 그렇지 않으면 집단의 논리가 지배한다. 학문적 소통이 불통의 상태에 있을 때 힘을 발휘하는 것은 정치와 집단의 논리다. 학문적 토론이 아니라 집단의 논리로 학문의 영역을 구축하고 정치와 권력으로 그 토대를 공고히 한다. 이쯤 되면 건축은 정말 우리 사회에서 쓸모없는 학문이 된다.

# 건축 한류는
# 과연 가능할까?

최근 한국의 공연예술이 세계인의 마음을 움직인 것처럼 한국건축도 문화예술의 한 분야로서 세계 무대에서 주목받을 수 있고, 그래야만 한다고 믿는 사람이 많다. 과연 한국건축의 국제화 가능성은 있는 것일까? 건축의 한류는 가능할까? 결론부터 말하면 그럴 가능성은 별로 없어 보인다. 한국건축 문화의 파편성을 생각해보면 그 이유를 알 수 있다.

한류의 주류를 이루는 공연예술, 즉 음악, 춤, 영화, 드라마는 시각예술이기보다는 시간예술이고, 논리와 이성적 체계의 반영이라기보다는 직관과 감성에 더 의존하는 장르다. 공연예술은 스토리텔링과 시간성, 감성, 기예에 바탕을 두고 경험과 감성에 직접 호소한다. 또 거대한 관념적 질서나 이론을 반영하는 학문적 성격보다는 실무적 기예와 감각적 재능의 성격이 더 강하다.

한국은 전통적으로 시각적 형식으로 표상되는 이성적 질서보다는 시간성에 바탕을 둔 고도의 감성적 문화를 발전시켜왔다. 이것이 한국의 전통 춤과 음악, 공연 문화에 녹아 있다. 오늘날 한국의 공연 문화가 세계로 뻗어나갈 수 있는 것은 이 때문이다. 우리의 공연예술은 경쟁력이 있고 세계의 감성을 사로잡을 수 있다. 음악은 만국 공통언어라는 말처럼 K-pop의 강렬한 비트는 만국 공통언어로서 전 세계인의 감성에 직접 호소한다. 한류가 가능한 이유가 여기에 있다.

반면 서양에서 발전해온 건축이라는 장르는 관념적 질서와 이론적 체계에 바탕을 둔 문화이며 시각적 형식으로 표현된다. 이 점에서 건축은 회화, 조각과 같은 시각예술보다 더 이론과 규범에 의존적이며, 더욱 두터운 학문적 배경을 갖는다. 따라서 거대한 배후의 이론과 지식을 배경으로 할 때 비로소 새로운 창조가 가능하고, 그것만이 기존 건축 문화에 새로운 영향을 미칠 수 있다. 서양건축의 역사에서 새로운 지평을 연 아방가르드와 거장들의 작업은 모두 그렇다. 동양의 건축이 서양에서 주목받을 때에도 서양건축의 프레임에 의한 이론화를 통해서라는 점을 간과해서는 안 된다. 여기에 한국건축의 근본적 한계가 있다.

직관과 감성, 재능에 의한 새로운 창조라는 면에서 보면 한국에는 분명 눈에 띄는 감각과 재능을 보여주는 뛰어난 건축가들과 건축이 있다. 그러나 새로운 감성과 감각만으로 국제 무대에 영향을 미치기는 어렵다. 감각적으로 아무리 참신하더라도 이론적으로 소통하지 못하면, 즉 건축의 이론적 측면에서 새로운 전선을 형성하지 못하면 아무리 참신하고 세련된 건축이라도 그저 괜찮은 이국 취향 이상의 흥미를 불러일으키지 못한다. 최근 전통한옥 양식을 부흥시켜 한류 건축으로 마케

**Psy 공연 장면**
한국의 공연예술이 한류를 일으킨
것처럼 한국건축이 세계를 선도할
날이 올지도 모른다.

팅하려는 노력도 이런 점에서 반성이 필요하다. 전통한옥이 국제 무대에서 의미 있는 주목을 받으려면 무엇보다도 한옥의 이론화가 선행되어야 한다.

현대건축의 지식체계에 개입할 수 있는 건축의 문화적 토대와 이론적 성과도 없이 건축의 한류를 기대하기는 어려워 보인다. 아니, 기대하지 않는 것이 좋을지 모른다. 물론 관점을 조금 달리 하면 한국건축의 가능성을 기대해볼 수도 있다. 만일 현대건축이 시각적 형식으로 표현되는 이론체계를 탈피하여 시간성, 퍼포먼스의 성격을 갖는 쪽으로 변화한다면, 한국 전통문화의 원형, 우리의 문화 DNA에 바탕을 둔 한국건축이 세계 무대에 공헌할 수도 있다. 실제 현대건축에서는 시각적 형태의 중요성이 점점 약해지고 장소성, 일시성, 이벤트, 작동성과 같은 시간예술의 성격이 강해지는 경향이 있다. 만일 그렇게 되면, 한국의 건축이 세계를 선도할 날이 올 수 있을지도 모른다.

한국에 건축은 없다

# 건설이
# 건축을 대체하다

서양에서 건축은 디자인 이론에 근거한 실무적 학문으로서 발전해왔다. 그러나 한국에 도입된 건축은 '서양식 건축의 건설기술'이란 성격이 강했다. 디자인의 원리보다는 서양건축의 구조와 재료, 시공법을 배우는 것이 건축의 주된 과제였고 형태는 단순히 새로운 양식 패턴이나 유형을 습득하면 되었다. 1930년대 이후 철근 콘크리트 구조를 사용한 기능주의적 근대건축이 도입될 때는 건축설계와 구조설계가 거의 같은 개념으로 받아들여질 정도였다. 엄밀히 말하면 일제강점기에 도입된 서양 건축은 디자인이라기보다 새로운 재료와 구조, 시공 기술이었다.

일제강점기에 건축을 공부한 사람들은 대부분 스스로를 기술자로 인식했고, 해방 이후 자연스럽게 건설업으로 전환했거나 주로 관공서 (미 군정청 건축서, 운서부, 주택영단, 은행, 학교 등)에서 건축물의 설계와 시공을 담당했다. 그러다 6·25 전쟁으로 국토가 폐허가 되고 5·16 군사쿠데타로 군사정권이 들어선 이후 경제 개발이 추진되면서 건설의 사회적 수요가 급증했다. 건축과 건설의 구분조차 명확치 않은 상태에서 건설의 비중이 커지다 보니 문화로서의 건축이나 디자인에 대한 담론이 형성되고 뿌리내릴 만한 여유가 없었다. 1960년대 들어서 민간 건축사무실의 활동이 활발해졌고, 해외에서 건축을 공부한 유학파를 중심으로 예술로서의 건축, 작가로서의 건축가 개념이 등장하며 작가적 형태의 건축 디자인도 나타났다. 그렇지만 서구적 건축 개념이 사회에 뿌리내리기에는 역부족이었다.

1970~90년대 한국은 급속한 도시화 과정을 거치며 역사상 유래 없는 건설 붐을 겪었다. 이 과정에서 건축을 건설로 보는 사회적 인식은 더욱 깊이 뿌리내렸다. 건축설계는 건설에 필요한 도면을 생산하는 일 정도로 간주되었다. 건설이 건축을 실현하는 수단이 아니라 오히려 건축설계가 건설의 수단이 되었다. 근대화 과정에서 건설이 건축을 대체하게 된 것이다. 따라서 한국의 도시는 건축이 아닌 건설의 결과다. 현대 한국 도시를 구성하는 아파트와 주택, 빌딩 들은 극단적으로 말하면, 도로, 교량, 철도와 같은 건설의 결과물이다. 흔히 지적되는 한국 도시의 무미건조함과 삭막함의 이유가 여기에 있다.

건축이 없다는 것은 개인과 공동체가 물리적 환경에 부여할 가치나 삶의 이야기가 없다는 것이다. 우리가 사회에서 관계 맺고 살아가는 방식에 대한 체계화된 지혜와 공동의 규범, 질서가 없다는 것을 의미한다. 건설은 삶의 이야기를 담지도, 공동체 환경을 만들지도 못한다. 우리의 삶과 소통하는 시각적, 공간적 환경을 만드는 것은 바로 건축이다.

**위_전쟁으로 파괴된 서울의 모습**

전쟁으로 폐허가 된 국토를 정비하기 위해 건설의 사회적 수요가 급증했다.

**아래_건설이 만든 서울의 모습**

1960년대 우리나라는 고층아파트를 세우는 데 열을 올렸지만, 당시 유럽은 고층아파트를
건축의 파괴로 받아들였다. 서울 풍경은 건축이 아닌 건설의 결과물일 뿐이다.

## 건설의 문화, 재개발의 문화

근대화 과정을 거친 한국은 건축 대신 건설이 문화가 되었다. 한국에서는 공공건축이나 시설물을 지을 때 모든 일정과 계획을 건설이 주도한다. 공공프로젝트를 할 때 보통 입안부터 설계까지 많은 시간을 투자하고 설계가 완성된 후 건설계획과 공기가 수립되는 서양과 반대다. 건설계획이 먼저 수립되면 설계는 어떻게 하든 공기에 맞추면 된다. 청계천 복원은 이런 점에서 한국 건설 문화의 기념비적 사업이었다. 외국 같으면 이런 대규모 도시 프로젝트를 하는 데 입안부터 설계까지 10년 이상은 걸리는 게 보통이다. 복잡한 이해관계를 조정하고 최선의 설계안을 마련하기 위해서는 통상 이 정도의 시간이 필요하기 때문이다. 그러나 청계천 복원 공사는 계획부터 준공까지 3년이 채 안 걸렸다. 일단 건설계획이 발표되면 모든 과정은 거기에 맞추어 일사분란하게 진행된다. 외국에서는 상상할 수 없는 일이다. 건축 대신 건설의 문화가 지배하는 한국에서만 가능한 일이다.

일상화된 재개발은 한국 건설 문화의 또 다른 양상이다. 통상 아파트는 20년만 지나면 재개발을 하겠다고 하고, 수십 년 동안 형성된 주거지도 노후 주택 비율을 의도적으로 높여가며 재개발을 추진한다고 난리다. 재개발 조합이 결성되거나 안전진단이 통과되면 이를 축하하는 현수막이 곳곳에 걸린다. 물론 건물이 아주 노후화되었거나 안전성에 문제가 있는 경우, 혹은 살 수 없을 정도로 불량화된 지역은 재개발할 수 있다. 그런데 우리나라는 멀쩡한 건물도 법이 정한 기간이 지나면 경제적 가치를 따져서 재개발을 한다고 법석을 떤다. 한국에서 재개발이 일상화된 이유는 '건축'이 없기 때문이다.

문화로서의 건축은 지속성을 갖는다. 역사가 오래된 유럽의 도시는 재개발이나 신축 행위가 매우 제한되는데, 그 이유는 건축물이 문화적 오브제로서 가치를 지니기 때문이다. 견고한 상징성을 띠는 건축물

© 김한울

**위_방배롯데캐슬 재개발 현장**
**아래_종로구 누하동 원룸 재개발 현장**

한국에서 재개발이 일상화된 이유는 건축이 없기 때문이다. 문화로서의 건축이 아닌 경제 논리에 따라 좌우되는 건설이 판치는 한 끝없이 반복될 모습이다.

은 경제 논리에 의해 쉽게 사라지지 않는다. 그러나 한국에서의 건축은 경제적 가치로 판단되는 건설 행위다. 한국에서 재개발이 일상화되는 이유는 건축물이 문화적 생산물로서 지속성 있는 의미를 갖지 않기 때문이다.

## 턴키 프로젝트와 건설의 지배

우리나라에서 건축에 대한 건설의 지배가 한층 더 강화된 계기는 소위 턴키방식의 프로젝트 발주가 활성화되면서부터다. 2000년 이후 공공건축물을 지을 때 현상설계 심사 과정에서 발생하는 잡음을 줄이고 시공의 질 보장과 건설 비용의 문제를 동시에 해결하기 위한 방법으로 턴키방식의 발주가 유행처럼 번졌다.

턴키는 공공프로젝트의 효율성을 높이기 위해 설계와 시공을 일괄 발주하는 방식이다. 이 발주방식은 시공자가 자체적으로 디자인과 건설의 문제를 모두 해결하고 책임지므로 건축주 입장에서는 프로젝트를 효율적으로 관리할 수 있다는 장점이 있다. 그래서 외국의 경우 효율적인 예산 관리가 필요하고 디자인 변수가 적은 특정한 공공프로젝트에서 턴키 발주방식을 많이 활용하는 편이다.

서구에서와 같이 전문직으로서 건축사의 직무 영역과 권한이 보장되어 있을 때 턴키방식을 효과적으로 활용하면 크게 문제될 일이 없다. 실제로 미국에서는 발주처에서 건축가를 고용하여 설계의 방향을 결정하는 Bridge식의 턴키방식이 많이 활용된다. 그러나 건설이 건축을 지배하는 한국에서 턴키방식의 프로젝트 발주는 불에 기름을 붓는 격이 되었다. 턴키 프로젝트에서 비용을 지불하는 곳이 건설회사다 보니 건축설계에 대한 아무런 전문성도 없는 건설사가 건축설계를 좌지우지하게 된 것이다. 턴키 프로젝트에서 설계사무소는 건설사의 하청업자로 전락하고 말았다. 설계 전문가인 건축가의 입장에서는 피가 끓을 일이지만 그나마 설계사무소는 프로젝트의 당선 여부와 관계없이 건설회사로부터 설계비를 보상받을 수 있으니 수모를 감내할 수밖에 없는 것이다.

서울시 신청사 건축을 둘러싼 문제도 최초의 설계 발주가 턴키방식으로 이루어진 데 한 원인이 있다. 건설사가 턴키방식으로 제안하여 당선된 디자인이 이후 심의 과정에서 계속 떨어지자 서울시는 별도의 현상 공모를 통해 설계안을 뽑았다. 결과적으로 설계자가 둘이 된 셈이다. 새롭게 선정된 건축가는 콘셉트 디자인을 했지만, 실시설계와 시공 과정에서는 배제되었다. 턴키 프로젝트에서는 건설사가 계약의 주체이다 보니 실시설계 및 그 실현 과정을 감독하는 일은 건설사와 최초에 작업한 건축사사무소가 맡았다. 서울시 신청사에 대한 논란이 끊이지 않는 것은 근본적으로 건축물을 디자인한 건축가가 건설사가 주도하는 턴키방식에 발이 묶여 실현 과정에서 배제된 결과다.

## 따로 노는 친환경 건축과 기술

최근 들어 문화로서의 건축과 디자인, 그 가치에 대한 사회적 인식이 조금 나아진 것은 사실이다. 그러나 이러한 인식 변화는 일부 건축가와 소수의 문화예술 애호가 사이에서일 뿐, 건축을 건설기술로 보는 사회적 인식과 관행은 지금도 여전하다.

한 가지 예를 들어보자. 최근 지구환경과 에너지 문제가 심각해지면서 친환경 건축이 세계 건축의 이슈로 부상했다. 하지만 한국에서 이를 주도하는 것은 건축이 아니라 기술이다. 정부와 기업은 많은 예산을 투입하여 녹색 친환경 건축과 탄소제로 또는 패시브 하우스에 적용되는 각종 건설기술과 재료, 기법, 성능 기준에 대한 연구를 활발히 진행하고 있다. 그런데 이 연구는 건설회사와 건설기술연구소에서 환경(공학)을 전공한 기술자와 학자 들이 주도한다. 여기에 건축가는 없다. 물론 기술적 연구는 필요하다. 그러나 기술 연구의 결과는 기술이지 건축이 아니다. 다양한 친환경 기술이나 에너지 효율 등급은 건축의 수단이고 기준일 뿐 디자인된 건축은 아니다. 문제는 아직 정부에서도, 사회에서도 이러한 기술의 단순한 조합이나 기술적 지표가 마치 건축인 것처럼 착각한다는 것이다.

그렇기 때문에 우리나라의 친환경 건축과 관련하여 늘 지적되는 문제는 친환경 건축의 기술은 있는데 건축으로 통합된 디자인이 약하다는 점이다. 우리가 친환경 건축의 선진 사례로 참고하는 영국과 독일의 친환경 건축은 다양한 친환경 기술을 건축 디자인으로 통합한 것이다. 예를 들면 영국의 노먼 포스터가 설계한 런던시청사는 단순한 기술의 조합으로는 나올 수 없는 친환경 건축 디자인이다. 이탈리아의 거장 렌조 피아노의 건축들도 마찬가지다. 그들이 설계한 것과 같은 친환경 건축이 한국에는 없다. 건설기술이 건축을 지배하는, 건설기술이 곧 건축이라고 생각하는 한국의 현실 때문이다.

**노먼 포스터가 설계한 런던시청사**

유리벽의 이중 표피와 앞으로 기울어진 형태는 남향의 일사를 고려한 친환경
건축 디자인이다. 단순한 친환경 기술의 조합으로는 나올 수 없는 디자인이다.

# 국가 제도에서
# 건축이 차지하는 위상

건축의 부재와 건설의 우위는 우리나라 국가 제도의 곳곳에 뿌리를 내리고 있다. 2008년에 통계청이 발행한 『한국표준산업분류』를 보면 건축설계는 '전문, 과학 및 기술 서비스업'에 속한다. 여기에는 엔지니어링 서비스업과 건축 및 조경설계 서비스업이 있고, 그 안에 건축설계, 도시계획 및 조경설계가 포함된다. 이것은 국제 기준에 맞는 분류다. 아마도 『한국표준산업분류』가 OECD 지식서비스 산업분류체계를 근거로 작성됐기 때문일 것이다.

그러나 이상한 것은 그 상위 분류가 '건축기술, 엔지니어링 및 기타 과학기술 서비스업'으로 되어 있다는 점이다. 건축설계 및 도시, 조경설계가 전문 서비스업으로서의 건축이 아니라 건축기술로 정의되어 있는 것이다. 반면 인테리어는 제품 및 시각디자인과 함께 전문 디자인업으로 분류되어 있다. 건축을 기술로 정의하는 관행은 정말 끈질기다.

이러한 난맥상의 근본적 원인은 건축물과 공간 환경의 디자인과 그 실현에 관한 전문적 서비스로서의 '건축'이 문화적으로, 제도적으로 정착되지 못했기 때문이다.

이러한 표준산업분류는 다른 건축 관련 산업법과도 충돌한다. 일례로 〈건설산업기본법〉에서 건축설계는 건설용역업의 일부로 되어 있고, 〈건설기술관리법〉에서는 건설기술의 범주에서 〈건축사법〉에 따른 설계를 제외하고 있지만 (건축사의 다른 업무 영역인 감리, 평가, 안전점검 등은 포함된다) 법 적용 대상은 '건설기술용역사업 또는 건축사법에 따른 설계'(21조 1항)로 규정한다. 즉 건축은 관련 산업법에서 기본적으로 건설업의 일부에 속한 애매한 기술 정도로 취급되는 것이다.

## 국가계약법에 건축은 없다

공공건축물을 설계할 때 건축사는 국가나 공공기관을 상대로 용역 계약을 하는데 국가나 지방자치단체를 당사자로 하는 계약에 관한 법률에 건축이라는 전문 서비스업은 존재하지 않는다. 이 법 시행령에는 건축과 관련된 서비스 용역으로 건설기술 용역과 엔지니어링이 있을 뿐이다. 디자인 관련 분야로는 산업디자인 정도가 규정되어 있다. 지금까지 우리가 정의한 건축물과 공간 환경의 디자인과 그 실현에 관한 전문적 서비스로서의 '건축'은 눈 씻고 찾아봐도 없다. 그래서 공공건축물의 설계 용역은 국가계약법상 〈건설기술관리법〉의 건설기술용역으로 처리된다.

건축설계를 입찰할 때 제출하는 도서의 공식 명칭은 설계 제안서가 아니라 설계 용역 기술 제안서다. 제도적으로 건축설계는 기술 제안의 한 분야로 간주되는 것이다. 한마디로 국가 제도상 우리나라에 건축이라는 독자적인 전문 서비스 영역은 존재하지 않는다. 건축서비스 산업만을 위한 별도의 발주 및 계약법제가 있는 미국과는 대조된다.

〈국가계약법〉에서 모든 기술용역은 가격 입찰을 하도록 되어 있다. 다만 지식기반산업으로 분류되는 용역은 협상에 의한 계약을 할 수 있도록 예외를 둔다. 여기에는 〈엔지니어링기술진흥법〉에 의한 엔지니어링사업과 〈건설기술관리법〉에 의한 고난도 기술용역, 〈산업디자인진흥법〉에 의한 산업디자인이 포함된다. 하지만 건축설계는 어디에도 없다. 실상 건축설계는 엔지니어링보다 더 고부가가치를 창출하는 지식산업인데 말이다.

〈국가계약법〉에서 지식기반산업에조차 넣어주지 않으니 건축설계 용역은 원칙적으로 협상을 통한 계약이 불가능하다. 사업수행능력평가기준[PQ]에 의한 기술용역 적격 심사가 있지만, 〈엔지니어링기술진흥법〉 기준과 〈건설기술관리법〉의 기술용역 기준을 적용하기 때문에 건축설계는 또다시 배제된다. 그나마 도시계획과 조경설계는 잘못된 분류이나마 엔지니어링기술에 포함되어 있어서 건축설계보다 나은 대접을 받는다. 하지만 건축사는 기술자로 인정받지 못하니 도시계획(설계)이나 조경설계에 참여할 수조차 없다. 〈국가계약법〉상 건축설계를 공모방식으로 할 수는 있지만 계약은 여전히 기술용역에 해당한다. 그래서 현상설계에 당선되어도 수의계약 당사자의 지위를 획득할 뿐 당선작품에 대한 권리와 건축가의 역할은 보장되지 않는다. 현상설계도 계약 이후의 과업은 건설공사 발주와 같은 맥락에서 진행되기 때문이다.

표준산업분류에는 건축이 지식산업으로 분류되어 있지만 〈국가계약법〉에서 건축은 독자적 산업으로서의 정체성이 없는 모호한 건설기술에 불과하다. 건축은 없고, 도시와 조경은 엔지니어링으로 실내디자인은 전문디자인으로 각각 찢겨 있어서는 조화롭고 일관성 있는 건축 및 도시 환경의 발전을 기대하기 어렵다. 늘 한탄하면서도 해결책을 찾지 못하는 한국 도시 경관의 문제는 이러한 제도적 파편화와 밀접한 관련이 있다.

## 일은 건축사로, 보수는 엔지니어로

건축이라는 전문직 서비스 영역이 없으니, 건축사의 용역비도 엔지니어의 기준을 따른다. 우리나라의 품셈 기준에는 엔지니어의 노임 단가만 있을 뿐 건축사의 노임 단가는 없다. 건축사의 업무에 관한 대가 기준도 〈엔지니어링기술진흥법〉에 따른 엔지니어의 노임 단가를 기준으로 작성되었다. 건축을 포함한 모든 건설 산업의 설계 용역비 대가 기준은 동일하다. 예컨대 교량을 설계하든 도로를 설계하든 건축물을 설계하든 공사비 대비 동일한 퍼센트의 설계 용역비 기준이 적용된다. 건축서비스의 특수성에 대한 고려 없이 엔지니어와 건축가의 서비스를 동일하게 보는 것이다.

엔지니어링 설계와 건축설계는 서비스의 성격, 특히 디자인 과정에서 근본적 차이가 있음은 상식에 속한다. 엔지니어링 설계는 주어진 문제를 해결하기 위해 기술적, 과학적 전문지식을 동원하여 가장 효율적인 대안을 제시하는 것이다. 따라서 비교적 디자인 선택의 범위가 좁고 명확하다. 반면에 건축설계는 디자인의 문제가 불명확하고, 기능적이고 실용적인 답을 추구할 수 없는 불확실한 조건 속에서 작업을 한다. 또 건축설계는 프로젝트의 기획과 검토부터 시작되고 설계안을 만드는 과정도 문제를 정의하는 데서부터 출발하는 경우가 많다. 그래서 설계 변경이라든지, 예외적인 서비스와 같은 변수도 많이 생긴다. 프로젝트의 성격과 목적에 따라 특별한 분야의 전문가들이 컨설턴트로 참여하기도 한다. 더욱이 건축 디자인은 미학적, 문화적 규범의 문제를 다루기 때문에 복합적이면서도 창조적인 문제 해결 과정을 필요로 한다.

흔히 엔지니어링 설계가 2차원 방정식을 푸는 것이라면 건축설계는 변수가 많은 3차원, 4차원의 방정식을 푸는 것에 비유된다. 그래서 미국의 건축사등록원NCARB은 건축사의 교육은 기술보다 인문, 사회, 철학에 기초를 둔다는 점에서 엔지니어와 다르다는 점을 강조한다.* 발주방식도 통상 엔지니어링은 2단계 발주(기본, 실시설계)지만 건축은 3단계(기본, 계획, 실시)로 이루어진다.

그러니 건축사의 업무에 대한 설계(용역)비를 계산할 때 엔지니어링 설계비를 기준으로 하는 것은 틀렸다. 업무 과정도 복합적이고, 많은 전문가의 컨설팅이 필요하며, 디자인이라는 창조적 · 지적 노동을 포함하기 때문이다. 외국에서는 건축물의 설계 과정에서 생기는 다양한 변수를 고려하여 기본적인 설계비 외에 추가적인 작업에 대한 보상을 명백히 규정한다. 그러나 우리나라는 건축설계 용역비도 다른 엔지니어링 과업과 동일하게 취급한다. 최초 예상 공사비 대비 일식 기준으로 책정

---

* NCARB, "How Architects differ from Engineers".

되는 게 보통이니 그 불합리함은 이만 저만이 아니다. 나중에 공사비가 상승해도 이에 대한 보상은 없다. 건축주의 요구나 프로젝트의 환경 변화에 따른 설계 변경이나 추가 작업에 대한 보상도 기대하기 어렵다. 결과적으로 설계비는 턱없이 부족해지고 완성도 높은 설계는 불가능해진다.

당연한 말이지만 좋은 건축물을 지으려면 설계가 좋아야 한다. 좋은 설계를 하려면 충분한 시간과 노력을 투자해야 하는데 그에 대한 보상이 안 되기 때문에 좋은 설계를 할 수 없는 것이다. 이런 문제를 해결하기 위해 2009년 국토해양부에서는 〈공공발주사업에 대한 건축사의 업무범위와 대가 기준〉을 고시하여 공공프로젝트의 설계비를 선진국처럼 공사비 요율방식과 함께 실비 정산방식으로 하자고 제안했고, 창작 및 기술료에 대한 법적 근거도 만들었다.

그러나 사회적으로 건축이 건설로 인식되고 제도적으로 건축이 여전히 건설기술의 한 분야로 대우받는 한, 새 기준에 근거하여 설계비를 제대로 받기는 사실상 어렵다. 국가 제도상 전문적 서비스 영역으로서의 '건축'이 당당히 존재하지 않는 한, '문화로서의 건축'에 대한 사회적 인식이 뿌리내리지 않는 한, 이러한 기준이 한국의 건축 문화를 발전시키고 건축 수준을 높일 가능성은 별로 없다. 민간에서는 아직도 프로젝트의 성격이나 난이도와 상관없이 저급한 수준의 평당 설계비를 받는 것이 우리 건축계의 현실이다. 지금도 도면 몇 장 그리는 데 비용을 그렇게 지불해야 하냐고 항의하는 사람들이 대부분이다. 건축사는 건설에 필요한 도면을 그리는 기능인 정도로 인정될 뿐이다.

그렇다고 우리나라에 좋은 건축물과 훌륭한 건축가가 없다는 말은 아니다. 능력 있는 건축가들이 개인 건축주를 상대로 설계비를 충분히 받고 시공 과정을 감독하면서 좋은 건축물을 만드는 일은 개인 간의 계약에서 얼마든지 가능하다. 소위 유명 건축가들이 이렇게 민간 영역에서 활동하는 데는 아무런 문제가 없다. 그러나 그것이 공적·제도적으로 보장된 것이 아니라는 데 문제가 있다.

지금 우리나라에는 건축을 진지하게 공부하고 풍부한 경험과 실력을 쌓은, 그리고 이를 바탕으로 수준 높은 건축물과 건조 환경을 창조할 수 있는 유능한 건축가가 많다. 이들은 사회에 공헌할 수 있는 전문성과 윤리적 자세를 갖추고 있다. 이들이 자신의 전문성을 발휘하여 건축을 통해 사회에 봉사할 수 있으려면 무엇보다도 우리 사회에 '건축'을 제도적으로 정착시키는 일이 절실하다.

## 초대받지 못한 설계자

우리나라 건축가들이 건축의 현실을 자조할 때 흔히 거론하는 것이 준공식 문화다. 공공건축물의 준공식에 설계자인 건축가는 초대받지 못하고 기관장과 건설회사 대표가 준공 테이프를 끊는 경우가 다반사다. 설령 설계자가 초대받는다 해도 준공식의 주인공으로 대접받는 일은 거의 없다. 준공 건물에 시공사의 이름은 새겨 넣어도 건축가의 이름을 새기는 경우는 드물다. 신문에 공공건축물의 준공에 관한 기사가 나면 건설사 이름은 소개되지만 건축가 이름은 실리지 않는다. 건축이 문화로서 확고하게 자리 잡은 서양에서는 있을 수 없는 일이다. 영국의 건축가 노먼 포스터는 건축을 통한 사회적 공헌을 인정받아 귀족 작위를 받았을 정도다. 그는 자신이 설계한 독일의 국회의사당 준공식 때 건물의 열쇠를 직접 독일 수상에게 전달하는 예식을 거쳤다고 한다. 한국에서는 상상할 수도 없는 일이다.

건축계 일부에서도 이에 대한 울분을 토하고 공개적으로 비판의 목소리를 낸 적이 한두 번이 아니다. 그러나 개선될 여지는 별로 안 보인다. 이 또한 건축이 제도화되어 있지 않기 때문이다. 건축이 건설의 수단이고, 건축설계가 전기나 기계설비와 같은 기술 또는 엔지니어링 용역의 하나라면 굳이 건축사에게 특별한 지위를 허용할 이유가 없다. 아마도 준공식에서 건축사를 특별 대우하면 모든 엔지니어링 용역 업체의 사장을 다 불러야 한다고 할지도 모른다.

**드레스덴 중앙역 준공식에서 인사하는 노먼 포스터**
건축물을 설계한 건축가가 준공식에 초대받는다는 것은
건축가라는 전문직에 대한 사회적 인식 수준과 국가 제도
안에서 건축의 위상을 잘 보여준다.

## 건축가의 위상과 건축주

설계 과정에서도 건축가의 전문성과 지위가 제대로 인정되지 않는 경우는 다반사다. 현상 공모를 통해 당선된 설계안일지라도 발주자는 설계를 변경하는 것은 당연하다고 생각한다. 예컨대 대학교의 건물을 지을 때는 총장이, 기업체의 사옥을 지을 때는 사장이 설계를 바꾸거나 디자인을 마음대로 결정하는 게 보통이다. 토지주택공사의 아파트 설계와 색채 디자인을 담당 임원이나 사장이 마음대로 바꾸려고 한 일이 건축계의 가십거리가 된 지는 꽤 오래다. 종합병원을 설계할 때는 각 과의 과장이 내부 디자인을 다 바꾼다. 전문가인 건축가가 오랜 시간 심사숙고하여 제안한 디자인은 무시되기 일쑤다.

한국건축의 어려움은 근본적으로 건축주와 관련되어 있다. 우리나라에서는 건축가가 아무리 좋은 안을 제안해도 건축주는 자신이 더 훌륭한 안목과 취향을 가졌다고 생각하는 경우가 많다. 심지어 공공프로젝트의 경우 발주처의 담당 공무원들이 직접 연필을 잡고 그리기도 한다. 건축가의 전문성에 대한 존중심이 우리 사회에는 별로 없다. 물론 건축주로서 설계안에 대한 의견을 제시할 수는 있다. 그리고 건축가는 건축주의 의견을 수렴해야 한다. 그러나 최종 안을 제시하는 것은 건축가의 역할이다. 건축가의 전문성이 인정된다면 말이다. 의사나 변호사에게 이럴 수 있겠는가? 환자나 의뢰인으로서 충분이 자신의 의견을 제시할 수는 있겠지만 전문적 판단과 결정은 전문가에게 맡긴다. 그러나 우리나라에는 전문가로서 건축사의 권위를 인정해주는 건축주는 그렇게 많지 않다.

**알베르티와 『건축론』의 표지**
한 나라의 건축 수준은 건축주의 수준에 따른다는 말이 있다. 알베르티는 『건축론』을 써서
건축주들에게 건축의 인문적 원리를 설명하고 그들의 지적 욕구를 채워주었다.


한 나라의 건축 수준은 건축주의 수준에 따른다는 말이 있다. 르네
상스 시대 알베르티의 『건축론』은 건축가를 위한 것이 아니라 인문주
의자 건축주와 시민을 상대로 쓴 것이었다. 당시 경제력을 가진 도시의
부유한 상인 건축주들에게 건축의 인문적 원리를 설명하고 그들의 지
적 욕구를 충족시켜주기 위한 것이었다. 이들은 패트론Patron으로서 예술
가와 건축가를 후원하고 지적 만족을 얻을 수 있었다. 르네상스는 새로
운 계층인 인문주의자 패트론(건축주)의 등장에서 비롯된 것이라고 해
도 과언이 아니다.

건축가가 건축주를 만족시키는 일은 예나 지금이나 쉬운 일이 아
니다. 현대사회에서는 특히 그렇다. 과거에는 오랫동안 형성되어온 건
축의 미적 취향에 대한 공유된 규범이 있었고, 건축가는 이를 근거로

**아우구스투스 황제에게 자신의 책을 바치는 비트루비우스**
로마시대 건축가 비트루비우스는 『건축 10서』가 건축가뿐 아니라
다른 지식인들을 위해 쓴 책이라고 명백히 밝혔다.

건축의 정당성을 주장할 수 있었다. 말하자면 건축 디자인을 판단하는
합의된 기준이 있었다. 그러나 현대건축은 공통의 기준 없이 개인적 취
향에 의존한다. 그러다 보니 건축가가 건축주를 만족시키기는 더욱 어
려워졌다. 개인 건축주가 발주하는 프로젝트에서 이러한 문제는 더욱
심각하다. 건축주는 건축가에게 아무런 대가 없이 가설계를 먼저 요구
하고, 설계를 의뢰해 놓고도 마음에 안 들면 보상을 못 하겠다고 버티
거나 마음대로 설계안을 바꾸기도 한다. 건축주는 건축주대로 불만이
있을 수 있고 건축가의 서비스에 실망할 수도 있다. 건축가들이 건축주
의 신뢰를 받을 수 있도록 노력해야 하는 것도 사실이다. 하지만 건축
가가 제공한 서비스에 대해서는 보상을 해야 한다. 하다못해 펀드에 투
자를 해서 손실을 보아도 수수료는 떼지 않는가. 하지만 우리나라에는

건축가의 전문직 서비스에 대한 인식이 별로 없다.

이런 문제를 해결하는 방법은 사실 간단하다. 건축가들이 전문직 협회를 통해 똘똘 뭉쳐 스스로 권익을 보호하면 된다. 서양에서는 건축가들이 부당한 대우를 받았을 때 전문직 단체를 결성해 대응함으로써 문제를 해결했다. 18세기 말 미국의 건축가들은 현상설계에서 당선된 안을 건축주가 부당하게 처리했을 때 공정한 조건이 아니면 현상설계에 참여하지 않는 협회의 자체 규정을 만들어 공동 대응했다. 대가 없이 계획 설계를 해주면 회원 자격을 박탈하기까지 했다. 하지만 지금 한국건축의 현실을 보면 이러한 일은 거의 불가능해 보인다.

서양에서 건축 전문직 단체가 출범한 것은 건축가들이 수십 명, 많아도 수백 명 정도 활동할 때다. 이들은 똘똘 뭉쳐 자신들의 전문직 지위와 권익을 지켜낼 수 있었다. 그러나 한국은 건축 전문직이 제대로 자리 잡기도 전에 건축사 자격증이 양산되면서 이미 수만 명의 건축사가 일거리를 찾아다닌다. 건축주 주변에는 항상 일할 기회를 엿보는 또 다른 건축사들이 있다. 설계와 감리를 분리하는 어이없는 일이 발생하는 이유도 여기에 있다.

전문직으로서 건축가의 사회적 위상을 확보하기 위한 건축계의 단결은 현 상황에서는 요원해 보인다. 물론 과거에는 몇 차례 이런 시도가 있었다. 예를 들면 1970년대 국회의사당 현상설계 때 일부 건축가들이 항의도 하고 단체 행동도 했었다. 그러나 건축가의 위상을 확보하고 권익을 보호하는 데는 이르지 못했다. 지금 건축사들은 그때보다 더 잘 길들여져 있다. 서울시청사의 경우를 보라. 설계자의 권리가 보장되지

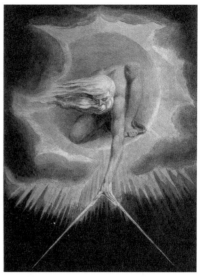

**왼쪽_중세 그림 성경 속 삽화**
13세기 초에 만들어진 것으로 추정되는 그림 성경에서 신은 건축가에 비유되었다.

**오른쪽_윌리엄 블레이크의 〈the ancient of the days〉**(1794)
근세 서양에서 신은 종종 건축가로 표상되었고, 건축가는 거의 신 다음가는 위상을 부여받았다.
신과 건축가의 비유는 기하학에 바탕을 둔다.

못할 때 건축사 협회는 과연 무슨 역할을 했는가.

고대 이집트나 그리스 로마시대에도 건축가의 사회적 위상은 매우
높았다. 건축가는 통상 우주의 창조자로 묘사되곤 했다. 상대적으로 건
축가의 위상이 약화된 중세유럽에서도 건축가는 꽤 존경받는 직업이었
다. 근세 서양에서도 신은 종종 건축가로 표상되었고, 건축가는 거의 신
다음가는 위상을 부여받았다. 이것이 전통적으로 서양에서 건축가에게

부여한 사회적 위상이었다. 그러나 서양에서와 같은 건축가의 위상은
한국에서는 허상이다.

## 한국 건축가는 왜 용산 프로젝트에 참여하지 못했을까?

최근 단군 이래 최대의 사업이라는 용산 프로젝트의 설계가 공개됐다.
마스터플랜과 19개의 거대한 고층 건축을 설계한 사람은 모두 서양의
유명 건축가들이다. 한국건축가는 한 명도 참여하지 못했다. 그 원인은
본질적인 데 있다. 건축물의 디자인과 그 실현을 책임지는 디자인·빌
드의 전문가로서 건축가의 지위가 인정되지 않기 때문이다. 상황이 이
러니 규모가 큰 프로젝트의 경우, 디자인이 처음부터 갈기갈기 찢겨서
발주되기도 한다. 예컨대 공공디자인, 환경디자인, 색채디자인 등이 건
축설계와 별도로 발주되는데, 그 분화의 정도가 점점 심해진다. 그래서
발주처나 건설회사가 스스로 주도할 수 없는 복잡하고 큰 규모의 프로
젝트인 경우, 외국의 유명 건축가에게 맡길 수밖에 없는 것이다. 말하자
면 한국의 건축가는 외국의 건축가와 똑같이 아키텍트라는 명칭을 쓰
지만, 실질적으로 동급의 전문가로 대우받지 못한다.

　　건축에 관한 한 한국에는 명백히 이러한 이중 기준이 있다. 서양의
유명 건축가들이 한국에 와서 한마디 하면 사회적으로 관심을 보이고
법석을 떨지만, 같은 말을 한국의 건축가나 학자가 하면 주목하지 않는
다. 외국의 유명 건축가에게 프로젝트를 맡기면 설계비도 국제 관례에
따라 높게 지급하고, 설계 기간이나 공사비도 예외적으로 늘려준다. 소
위 명품건축을 원하는 건축주는 외국 건축가와의 협업을 강제하기도

**용산 프로젝트 투시도**

용산 프로젝트의 건축물은 모두 서양의 유명 건축가들이 설계했다. 이는 한국의 건축가가 서양의
건축가와 같은 명칭을 쓸 뿐 동급의 전문가로 대우받지 못한다는 사실을 단편적으로 보여준다.
화려한 조명을 받으며 시작했지만 이 프로젝트는 결국 파산하고 말았다.

하는데, 이 경우 기본 설계는 외국의 건축가가 하고 국내 건축가는 실시설계를 맡게 된다. 말하자면 국내 건축가는 브로커와 현지 하청업체 수준의 역할을 하는 것이다. 외국의 건축가가 한국에서 프로젝트를 수행할 때 현장에 와서 아이디어를 스케치하면 건설회사는 그 아이디어를 실현하기 위한 기술을 찾고 디테일을 만들어 건축가의 승인을 받는다. 그러나 한국의 건축가는 건설회사에서 정해준 공법을 적용하기 위해 이미 결정된 설계를 바꾸어야 하는 경우도 많다. 전체적인 건축 디자인의 개념과 의도가 약화되는데도 말이다. 이것이 한국의 건축가와 외국의 건축가의 사회적 위상 차이다. 이 모든 것은 우리 사회에서 전문직 영역으로서 건축이 자리 잡고 있지 못하기 때문에 벌어지는 일이다. 건설은 있으나 건축은 없는 우리나라의 씁쓸한 현실이다.

## 설계와 감리의 분리

최근 한국건축계의 뜨거운 감자는 설계와 감리를 분리하는 문제다. 건축은 디자인과 그 실현 과정을 포괄하는 것이므로 건축물을 설계한 건축가가 설계대로 시공이 되는지 감리하는 것은 당연하다. 그러나 한국에서는 시공 과정에서 설계자의 권한이 잘 보장되지 않는다. 우리나라처럼 건축물의 실현 단계에서 설계자를 배제시키는 나라도 별로 없을 것이다.

예를 들면 현행 책임 감리 제도(공사비 200억 이상의 규모가 큰 건축물에 적용된다)하에서는 시공자와 건축주가 경미한 부분의 설계를 마음대로 바꾸어도 설계를 한 건축사가 이를 통제할 방법이 별로 없다. 요즘에는 CM(Construction Management, 건설관리)사가 감리 업무를 하는 경우가 많은데 이들은 건설관리(공정 및 비용)의 입장에서 건축주를 대변하여 자신들이 건축 디자인을 조정할 수 있다고까지 생각한다. 설계자에게는 시공 도면에 대한 승인은 고사하고 검토할 기회도 잘 주어지지 않는다. 이같이 한국에서 건설이 우위에 서는 이유는 무엇일까? 결국 사회에서 인정되는 건축의 공유된 가치 규범과 지식체계가 약하기 때문이다.

최근에는 소규모 건축물(연면적 2,000제곱미터 이하)에서 설계자가 아닌 건축사를 공사 감리자로 지정하도록 제도화하는 법안이 발의되어 논란이 일고 있다. 대한건축사협회가 요청하여 추진된 것인데 일부 건축사들이 반발하면서 이 문제가 건축계의 뜨거운 감자로 떠올랐다. 감리는 건축가가 현장 조건에 맞춰 설계를 조정하고 완성시키는 과정이기도 해서, 특히 소규모 건축물의 경우 디테일의 문제를 포함하여 준공 건축물의 질을 결정하는 데 매우 중요한 역할을 한다. 설계와 감리의 분리를 법제화하면 설계자가 시공 과정에 원천적으로 참여할 수 없기 때문에 문제가 된다.

더욱 답답한 일은 건축사의 전문직 단체인 대한건축사협회가 나서서 소규모 건축물의 설계와 감리를 분리하자고 주장한다는 사실이다. 그들은 설계 능력이 부족하거나 설계를 수주하기 어려운 건축사들의 일거리를 보장하기 위해 설계와 감리를 분리하는 데 앞장서고 있다. 설계 능력이나 기회가 부족한 건축사가 스스로 감리만 전담할 수는 있다. 그러나 설계와 감리를 법적으로 분리하여 강제하는 것은 있을 수 없다.

우리나라에서는 설계와 시공이 연속된 건축의 과정이라는 개념이 없기 때문에 설계와 감리를 나누고, 설계와 시공을 연결하는 체계적인 시스템 없이 발주처와 시공사가 알아서 공사를 진행하는 일이 일상적으로 벌어진다. 이것은 결국 건축의 질을 떨어뜨릴 수밖에 없다. 이러한 현상은 근본적으로 우리나라에 디자인·빌드에 관한 전문직으로서의 건축이 존재하지 않기 때문에 발생한다.

# 학문으로서
# 건축의 부재

'건축의 부재'는 우리나라 학문의 분류체계에도 그대로 반영되어 있다. 언젠가 필자는 교육과학기술부에서 주관하는 건축학교육인증 관련 회의에 참석한 적이 있다. 회의에 참석해보니 건축학교육인증이 공학교육인증위원회의 한 분과로 들어가 있었다. 건축학이 공학의 한 분야로 분류되어 있으니 교육과학기술부는 자꾸 건축학교육인증 기준을 공학교육인증 기준의 틀에 맞추려고 했다. 나는 당연히 이를 문제 삼았다. 건축과 공학은 다른 학문이며, 역사적으로 보면 오히려 건축이 공학보다 훨씬 오래된 학문 분야다. 그래서 건축학교육인증은 독자적인 건축전문교육의 기준에 따라야 한다고 주장했다. 그러나 나의 주장은 현실감 없는 외침이었다. 우리나라의 학문분류체계에 서구적 의미의 건축, 즉 건축학은 존재하지 않기 때문이다.

우리나라의 학문 분야는 교육과학기술부에서 고시한 〈국가과학기술표준분류체계〉에 정리되어 있다. 여기서 건축은 대분류인 '인공물' 분야의 '건설/교통'에 속해 있다. 그리고 이를 다시 세분화한 중분류 중 '시설물설계/해석기술' 가운데 하나로 들어가 있다. 말하자면 국가가 분류한 학문체계에서 건축은 건설/교통에 속한 하위 기술 분야인 것이다. 이 사실을 알고 나니 국토교통부에서 주관하는 건축 관련 학술연구용역이 왜 모두 건설/교통의 카테고리에 있는지 의문이 풀렸다.

**교육과학기술부에서 고시한 〈국가과학기술표준분류체계〉의 대분류**
건축은 인공물 분야의 건설/교통에 속한다.

# P. 건설/교통

| 중분류 | 소 분 류 | 중분류 | 소 분 류 |
|---|---|---|---|
| P01<br>국토정책<br>/계획 | P0101. 국토정책<br>P0102. 국토계획<br>P0103. 교통계획<br>P0104. 도시계획<br>P0199. 달리 분류되지 않는 국토정책/계획 | P07<br>항공교통<br>기술 | P0701. 항공안전기술<br>P0702. 항공기 운영기술<br>P0703. 공항시스템 기술<br>P0704. 항행시스템 기술<br>P0799. 달리 분류되지 않는 항공교통기술 |
| P02<br>국토공간<br>개발기술 | P0201. 국토지능화/공간정보<br>P0202. 지능형 생태도시<br>P0203. 대공간 지상건축물<br>P0204. 지하대공간<br>P0205. 해저공간<br>P0206. 인공섬/준설 매립기술<br>P0207. 경관관리<br>P0299. 달리 분류되지 않는 국토공간개발기술 | P08<br>해양안전/<br>교통기술 | P0801. 선박운항 안전기술<br>P0802. 해상교통 관제기술<br>P0803. 인적안전기술<br>P0804. 항만/항로 설계기술<br>P0805. 해양안전 방재기술<br>P0899. 달리 분류되지 않는 해양안전/교통기술 |
| P03<br>시설물<br>설계/<br>해석기술 | P0301. 설계 표준화기술<br>P0302. 설계 정보화기술<br>P0303. 도로<br>P0304. 교량<br>P0305. 플랜트<br>P0306. 지반구조/터널<br>P0307. 건축<br>P0308. 철도<br>P0309. 항만<br>P0399. 달리 분류되지 않는 시설물 설계/해석기술 | P09<br>수공시스템<br>기술 | P0901. 수리/수문 조사/해석기술<br>P0902. 수자원계획기술<br>P0903. 수자원 통합관리기술<br>P0904. 해안/항만/해양개발기술<br>P0905. 수리구조물설계기술<br>P0906. 하천설계기술<br>P0907. 생태수리/수문기술<br>P0999. 달리 분류되지 않는 수공시스템기술 |
| P04<br>건설시공<br>/재료 | P0401. 토목시공기술<br>P0402. 건축시공기술<br>P0403. 플랜트시공기술<br>P0404. 건설시공관리기술<br>P0405. 시공 자동화기술<br>P0406. 건설구조재료<br>P0407. 건설마감재료<br>P0408. 친환경/재생건설재료<br>P0409. 생애주기가치평가<br>P0410. 극한 시공기술<br>P0411. 건설안전 관리기술<br>P0499. 달리 분류되지 않는 건설시공/재료 | P10<br>물류기술 | P1001. 물류운송기술<br>P1002. 보관기술<br>P1003. 하역기술<br>P1004. 물류정보화기술<br>P1005. 물류시스템 운용기술<br>P1006. 교통수단별 물류운용기술<br>P1007. 물류 표준화기술<br>P1099. 달리 분류되지 않는 물류기술 |
| P05<br>도로교통<br>기술 | P0501. 교통환경 조사/분석기술<br>P0502. 자동차기반기술<br>P0503. 교통시설기반기술<br>P0504. 교통운영관리기술<br>P0505. 교통안전기술<br>P0506. 교통환경 개선기술<br>P0599. 달리 분류되지 않는 도로교통기술 | P11<br>시설물<br>안전/<br>유지관리<br>기술 | P1101. 시설물점검/진단기술<br>P1102. 구조물 보수/보강기술<br>P1103. 시설물 해체/복구기술<br>P1104. 시설물 소방안전관리기술<br>P1105. 자연재해 저감기술<br>P1199. 달리 분류되지 않는 시설물안전/유지관리 기술 |
| P06<br>철도교통<br>기술 | P0601. 철도시스템 엔지니어링<br>P0602. 궤도토목기술<br>P0603. 전철/전력기술<br>P0604. 철도신호통신기술<br>P0605. 철도시스템 안전방재<br>P0606. 철도시스템 유지관리기술<br>P0607. 철도역사 시설물/역무 자동화기술<br>P0608. 철도차량기술<br>P0699. 달리 분류되지 않는 철도교통기술 | P12<br>건설<br>환경설비<br>기술 | P1201. 상/하수도 시스템 설계/시공/관리기술<br>P1202. 건축/도시환경 시스템 정보화기술<br>P1203. 건축환경/설비기술<br>P1204. 친환경건축물 설계/시공/관리기술<br>P1205. 친환경 토목시설물 설계/시공/관리기술<br>P1206. 건물일체형 신재생에너지설비 설계/시공/관리기술<br>P1207. 시설물 소음진동 제어/관리기술<br>P1299. 달리 분류되지 않는 건설환경설비기술 |
| | | P99<br>기타<br>건설/교통 | P9999. 달리 분류되지 않는 건설/교통 |

**교육과학기술부에서 고시한 〈국가과학기술표준분류체계〉의 중분류**

건축은 '시설물설계/해석기술'에 속한다.

## 학문분류체계로 본 건축의 위상

또 우리나라의 학술연구 지원을 총괄하는 한국연구재단에는 모든 학문 연구 분야가 나열되어 있는데 여기에 건축이라는 독립적 학문 분야는 아예 없다. 대분류인 공학의 한 분야로서 건축공학이 있고, 건축공학 밑에 소분류로 건축계획/설계, 건축의장이 있으며, 건축사나 건축이론은 건축공학 일반에 속해 있다. 한마디로 건축학은 존재하지 않으며 건축학 관련 학문은 모두 건축공학으로 분류되어 있는 것이다. 그러니 건축은 공학이 아니라고 주장할 아무런 근거가 없다. 오히려 교육과학기술부의 입장에서 건축을 공학의 한 분과로 넣은 것은 정당하고 일관성이 있다.

더욱 황당했던 건 건축학교육인증원에서 처음에는 건축학교육인증 심사를 의학, 법학과 같은 다른 전문직 교육인증의 한 분야로 포함시켜 달라고 요구했었다는 사실이다. 아니, 건축학이 우리나라 학문의 분류체계에 존재조차 하지 않는다는 사실을 건축학교육인증원은 몰랐단 말인가.

학문이 지식의 분류에서부터 시작한다는 사실은 상식에 속한다. 그러나 대한민국의 학문분류체계에 건축학은 없다. 최근 10년 사이 전국의 대학교에서 건축교육을 국제화한다면서 건축학교육을 5년제로 개편하고 건축학교육인증원을 만들고 국제적 인정까지 받았다. 그런데 대한민국에 건축학이라는 학문이 족보에 없다는 사실은 모른다.

이러한 학문분류체계에서라면 당연한 것이지만 건축학 관련 학회지는 한국연구재단의 분류상 모두 공학 분야에 속한다. 심지어 건축역

| | | | | |
|---|---|---|---|---|
| D149900 | 공학 | 토목공학 | 기타토목공학 | |
| D150000 | 공학 | 건축공학 | | |
| D150100 | 공학 | 건축공학 | 건축공학일반 | |
| D150101 | 공학 | 건축공학 | 건축공학일반 | 건축이론 |
| D150102 | 공학 | 건축공학 | 건축공학일반 | 건축사 |
| D150103 | 공학 | 건축공학 | 건축공학일반 | 건축법규 |
| D150200 | 공학 | 건축공학 | 건축계획/설계 | |
| D150300 | 공학 | 건축공학 | 건축구조 | |
| D150301 | 공학 | 건축공학 | 건축구조 | 철근콘크리트구조 |
| D150302 | 공학 | 건축공학 | 건축구조 | 철골구조 |
| D150303 | 공학 | 건축공학 | 건축구조 | 건축기초구조 |
| D150304 | 공학 | 건축공학 | 건축구조 | 셀및공간구조 |
| D150305 | 공학 | 건축공학 | 건축구조 | 구조표준화 |
| D150306 | 공학 | 건축공학 | 건축구조 | 내진,내풍구조 |
| D150307 | 공학 | 건축공학 | 건축구조 | 비파괴진단 |
| D150308 | 공학 | 건축공학 | 건축구조 | 목구조 |
| D150309 | 공학 | 건축공학 | 건축구조 | 조적조구조 |
| D150310 | 공학 | 건축공학 | 건축구조 | 복합구조 |
| D150311 | 공학 | 건축공학 | 건축구조 | 구조역학/해석 |
| D150400 | 공학 | 건축공학 | 건축설비/환경 | |
| D150401 | 공학 | 건축공학 | 건축설비/환경 | 건축에너지 |
| D150402 | 공학 | 건축공학 | 건축설비/환경 | 건축조명 |
| D150403 | 공학 | 건축공학 | 건축설비/환경 | 공기조화 |
| D150404 | 공학 | 건축공학 | 건축설비/환경 | 전기설비 |
| D150405 | 공학 | 건축공학 | 건축설비/환경 | 건축음향 |
| D150406 | 공학 | 건축공학 | 건축설비/환경 | 지중건축 |
| D150407 | 공학 | 건축공학 | 건축설비/환경 | 생태건축 |
| D150500 | 공학 | 건축공학 | 건축시공 | |
| D150501 | 공학 | 건축공학 | 건축시공 | 시공기술 |
| D150502 | 공학 | 건축공학 | 건축시공 | 시공재료 |
| D150503 | 공학 | 건축공학 | 건축시공 | 시공관리 |
| D150600 | 공학 | 건축공학 | 건축의장 | |
| D150601 | 공학 | 건축공학 | 건축의장 | 건축심리 |
| D150602 | 공학 | 건축공학 | 건축의장 | 공간론 |
| D150603 | 공학 | 건축공학 | 건축의장 | 건축색채 |
| D150604 | 공학 | 건축공학 | 건축의장 | 빛/경관 |
| D150605 | 공학 | 건축공학 | 건축의장 | 단지/도시 |
| D150700 | 공학 | 건축공학 | 건축문화재 | |
| D159900 | 공학 | 건축공학 | 기타건축공학 | |
| D160000 | 공학 | 산업공학 | | |

**한국연구재단의 〈학문분류표〉**

한국에 건축학은 존재하지 않으며, 건축학 관련 학문은 모두 건축공학으로 분류되어 있다.

사학회 논문집도 공학계열 논문집으로 분류된다. 이렇다 보니 대부분 설계, 계획, 이론 및 역사를 전공한 건축학 교수들이 연구재단에 연구비를 신청할 때 막막하고 답답하다. 건축학 연구의 내용으로 보면 인문사회계열인데 건축 자체가 공학에 속해 있으니 벌어지는 일이다.

수년 전 연구재단에 건축 디자인의 이론과 교육에 관한 연구프로젝트를 신청한 적이 있다. 다른 방법이 없어 공학의 한 분야로 신청할 수밖에 없었는데, 나중에 연구결과보고서를 쓸 때 문제가 생겼다. 모든 평가가 공학 기준으로 되어 있어 국제 SCI(Science Citation Index, 자연과학 및 공학논문 인용지표) 논문을 내야 한다는 것이다. 국제적 학문분류 기준으로 보면 건축은 공학이 아니라 예술인문학에 속한다. 따라서 건축학 분야의 국제논문을 쓰려면 인문사회계인 AHCI(Arts and Humanities Citation Index, 예술인문학논문 인용지표)나 SSCI(Social Science Citation Index, 사회과학논문 인용지표) 논문을 써야 한다. 그러나 이것은 공정하지 않다. 한국에서 인문사회 분야는 학문의 특성을 고려하여 국제논문 대신 국내논문을 인정해주기 때문이다. 결국 건축의 특별한 사정을 설명하고 예외로 인정받기 위해 사유서를 제출해야 했다. 건축학 전공 교수들은 교내의 연구업적 심사나 연구 업적에 대한 인센티브, 그리고 외부기관에 의한 대학평가 시에도 항상 이렇게 문제가 된다.

아마도 현재 대한민국에 존재하는 학문 분야 중에서 국제적 학문 분류 기준에 맞지 않는 분야는 건축밖에 없을 것이다. 다시 말하지만 서양에서 건축은 공학과 명확히 구분되는 예술인문학에 속한다. 모든 것이 국제화되고 국제 기준을 쫓아가는데 건축만은 학문의 분류체계

| Categories | Sub-categories |
| --- | --- |
| **Arts & Humanities** | Archaeology |
| | Architecture |
| | Art |
| | Asian Studies |
| | Classics |
| | Cultural Studies |
| | Dance |
| | Film, Radio & Television |
| | History |
| | History & Philosophy of Science |
| | Languages, Philology and Linguistic Studies |
| | Literature |
| | Music |
| | Philosophy |
| | Theater |
| | Theology & Religion |
| | Arts & Humanities-Other Topics |
| **Engineering & Technology** | Acoustics |
| | Aerospace Engineering |
| | Automation & Control Systems |
| | Biomedical Engineering |
| | Chemical Engineering |
| | Civil Engineering |
| | Computer & Information Science |
| | Construction & Building Technology |
| | Earth & Environmental Engineering |
| | Electrical & Electronic Engineering |
| | Energy & Fuels |
| | Imaging Science & Photographic Technology |
| | Industrial Engineering |
| | Instruments & Instrumentation |
| | Marine Engineering |
| | Materials Science |
| | Mechanical Engineering |
| | Mechanics |
| | Metallurgy & Metallurgical Engineering |
| | Mining & Mineral Processing |
| | Nuclear Science & Technology |
| | Operations Research & Management Science |
| | Robotics |
| | Telecommunications |
| | Transportation |
| | Engineering & Technology-Other Topics |

## Web of Science의 〈학문분류체계〉

건축은 국제적 학문분류 기준상 예술인문학에 속한다. 하지만 우리나라에서는 공학으로 분류한다.
한국의 건축학은 국제화를 논하기에 앞서 정체성부터 확립해야 한다.

자체가 국제 기준에 맞지 않는다. 풀브라이트<sup>Fullbright</sup>와 같이 외국 정부나 재단에서 수여하는 연구비나 장학금을 신청할 때 건축은 인문예술계로 분류되지만 국내연구재단에서 주는 연구비나 장학금을 신청할 때는 자연이공계에 속한다. 뿐만 아니라 넓은 의미에서 건축에 포함되는 관련 학문 모두는 한국에서 정체성 혼란에 빠져 있다. 예컨대 도시계획은 공학으로, 도시설계는 사회과학으로, 국토계획은 자연과학으로 분류된다. 또 조경디자인은 자연과학에 가 있고 실내디자인은 예체능으로 분류된다. 다른 건 그렇다 쳐도, 디자인인 도시설계는 왜 사회과학에 속할까? 건축이 공학이 속해 있으니 후발 학문으로서 도시설계가 공학에 속할 수는 없고 사회과학을 택한 것이 고육지책이라는 게 이해는 된다.

건축을 국제 기준에 맞추어 예술인문학으로 분류하고 싶어도 우리나라에는 이런 학문분류 자체가 없다. 학문계열이 인문사회와 예체능으로 분류되어 있어서 건축은 공학이 아니면 예체능, 혹은 인문사회학으로 분류될 수밖에 없다. 학교에 따라 건축학과를 예체능이나 인문사회로 분류한 곳은 있지만, 어느 쪽이든 인문사회학과 예술 창작이 공존하는 건축의 융합적 특성을 반영하지 못한다. 예술과 체육을 묶은 예체능계라는 것은 도대체 어떤 근거에서 나온 분류법인가? 예술을 인문학이 아닌 체육과 같은 기능, 기술로 보는 이러한 분류 자체가 식민지 학문의 구조를 그대로 반영한다.

건축이 공학의 한 분야로 분류된 것 또한 두말할 필요 없이 일제의 잔재다. 서양에서의 건축교육은 건축가의 아틀리에에서 디자인교육으로 시작되었고, 이것이 보자르<sup>Beaux-Arts</sup>라는 독립적인 건축학교에서의 교육체제로 발전했다. 미국에서는 19세기 말에 건축교육이 대학교육체제에 편입되면서 기술과목을 공유하기 위해 초기에 임시방편으로 공과대학의 틀 속에서 교육을 시작했다. 그러나 20세기 초에 대부분 건축대학으로 독립했다. 여기서 중요한 것은 건축이 공학의 한 분과로 정의되거나 취급된 적은 없다는 사실이다. 건축교육의 중심은 스튜디오(아틀리에)에서 하는 디자인교육으로, 공학 분야와는 근본적으로 다르기 때문이다.

하지만 우리나라에서는 처음부터 건축이 디자인 중심의 학문으로 들어온 것이 아니라 서양의 기술로 도입되었고, 공업고등학교의 틀 속에서 실용적 기능으로 교육되었다. 해방 이후 고등교육체제를 정비하면서 건축교육을 공학의 한 분과로서 공과대학에 소속시킬 것인지, 예술교육의 분야로 할 것인지, 아니면 독립된 건축대학을 설립할 것인지에 대해 다양한 의견이 있었다. 하지만 아쉽게도 건축을 공학 기술의 한 분야로 가르쳤던 일제강점기의 관행은 그대로 유지되었고, 공학으로서의 건축은 지금까지 제도적으로 깊이 뿌리를 내리고 있다.

## 애물단지가 된 건축학과

요즘 건축학과는 대학교 내에서 애물단지다. 최근 대부분의 대학교에서 건축교육을 국제화한다고 기존의 4년제 건축공학과를 건축학과 건축공학으로 분리하고, 건축학교육은 5년제로 전환했다. 5년 이상의 교육이라는 국제 기준에 맞추어 건축학교육을 개편한 것은 서양과 같이 제대로 된 디자인 중심의 건축교육을 하겠다는 뜻이다. 전문직 서비스업인 건축사 업무의 시장 개방이 이루어지고 국가 간의 장벽이 없어지는 추세니 우리도 국제 기준의 건축교육을 할 수밖에 없는 상황이 된 것이다. 건축교육 개편은 그렇게 시작되었다. 그런데 이왕에 건축이 공학에 속해 있다 보니 분리된 5년제 건축학과도 대부분 공과대학 안에 그대로 남아 있다. 하지만 개편된 건축학의 학문적 성격은 공학과 다르다. 그러니 여러 가지 문제가 발생할 수밖에 없다.

가장 골치 아픈 것은 요즘 대학마다 강화되는 교수들의 업적 평가다. 자연공학계열의 모든 학문은 소위 국제논문인 SCI를 기준으로 평가받고 국내논문은 인정하지 않는 추세다. 그런데 서양에서는 건축이 예술인문학으로 분류되므로 건축학 논문집은 SCI가 아니라 AHCI(계획학인 경우 SSCI)로 등재된다. 또 건축학은 디자인이 중심이기 때문에 예체능계와 같은 창작실기(설계)가 업적 평가의 대상이 된다. 하지만 국내의 학문 분류상 건축학은 공학계열에 속하기 때문에 건축학은 공학계열 안에서 예외적인 업적 기준을 적용받을 수밖에 없다. 이에 따라 건축학 교수는 이공계로 분류되어 있으면서 평가는 인문사회 또는 예체능으로 받게 된다. 이를 두고 다른 공학계열 교수들의 불평이 쏟아진다. 자신들은 국제논문 쓰느라 힘이 드는데 건축학 교수들은 공학계열의 혜택은 다 받으면서 업적 평가는 국내논문과 실기로 대체하니 공평하지 않다는 것이다.

문제는 이뿐만이 아니다. 건축학과 교수들은 논문 업적에 따른 연구 인센티브를 받을 때도 골칫거리다. 앞에서 말했듯이 한국연구재단에 등재된 건축학 논문집은 모두 자연공학계열의 논문으로 평가된다. 심지어 한국건축역사학회 논문집도 자연이공계에 속한다. 그런데 자연이공계열의 SCI 등재 국제논문을 기준으로 평가하면 건축학 교수는 연구업적에 대한 인센티브를 인정받을 길이 없다. 실제 학문의 성격은 인문사회계열이지만, 건축학 논문집 자체가 공학계열로 분류되어 있어서 생기는 답답한 현실이다. 여기서 또 건축학 교수들은 학문의 성격상 국내논문 기준을 적용해 달라는 예외를 요구한다. 그러니 주변의 눈초리가 고울 수 없다.

그렇다고 공학계열을 떠나 갈 곳도 마땅치 않다. 디자인과 실기 때문에 예체능으로 가자니 건축의 인문학적 특성과 기술적 기반이 약화되고, 인문사회계로 가자니 창작활동에 대한 고려가 없다. 기존의 학문분류체계에서 건축학의 위상은 정말 애매하다. 우리나라의 학문분류체계에서 보면 집Home을 다루는 학문인 건축은 홈리스Homeless인 셈이다.

요즘 대학교들은 유력 일간지가 주관하는 대외기관평가에 목을 맨다. 건축학과는 이때도 문제가 된다. 대외평가 시 자연이공계열은 SCI 등재 논문 수로 실적을 평가받는데 건축학 교수는 이공계로 분류되면서 SCI 논문이 없으니 대학 전체의 자연이공계 연구 실적만 깎아먹기 때문이다. 그래도 건설 경기가 좋을 때는 입시경쟁률이 높고 취업이 잘되어 괜찮았지만 요즘 같이 건축 경기가 바닥일 때는 교수 입장에서 눈치가 보일 수밖에 없다.

학문 단위의 분류와 학생 선발에서도 같은 문제가 발생한다. 건축의 학문적 성격은 인문예술학인데 학생 선발은 자연이공계로 모집하기 때문에 재능 있는 예비 건축학도가 한국식 수학교육에 적응하지 못하면 인문계를 선택할 수밖에 없고, 결과적으로 건축학과에 입학할 수 있는 기회마저 빼앗긴다. 고등학교 때부터 인문계와 자연계로 나누어 교육하는 것 자체가 자신의 재능을 펼칠 수 있는 기회를 막는 것이다. 이것은 건설과 공학이 지배하는 우리 건축의 현실과 맞닿아 있다. 기존의 건축공학과를 개편하여 건축학교육을 전문화한 것은 좋은데 건축학의 정체성은 여전히 뒤죽박죽이다. 그러나 건축계 내부는 이를 개선하려고 하지 않는다. 그래도 건축이 자연이공계로 분류되고 공과대학 안에 남아 있는 것이 실험실습비를 배정받거나 국가 지원금, 연구비를 받는 데도 낫다고 말하는 사람이 많다. 참으로 이율배반적이다. 건축이라는 학문의 정체성을 세우는 것보단 젯밥에 관심이 더 많다.

건축이 이렇게 된 저간의 사정은 다시 설명할 필요가 없다. 건축학교육이 제대로 되려면 건축이 독자적 학문 영역으로 정립되어야 한다. 이것이 국제 표준이다. 건축이 공학 안에 머물러 있어야 건설에서 떨어지는 수혜를 받을 수 있다거나 건설회사에 취직을 잘 시키기 위해서는 건축이 공학에 머물러야 한다는 주장은 근거가 없다. 한국건축의 발전을 위해서는 건축의 학문적 정체성을 바로 세우는 일이 절실하다.


## 건축 도서관

미국에서 유학할 때 가장 인상 깊었던 것은 건축 도서관이었다. 건축대학이 있는 미국의 대학교에는 대부분 건축 도서관이 있다. 그 규모는 우리나라에 있는 웬만한 작은 대학교의 중앙도서관 수준으로, 방대한 학문적 자료를 보유하고 있었다. 이러한 건축 도서관의 존재는 나에게

**에콜 데 보자르 도서관**
학교에서의 건축교육이 처음 시작된 프랑스의 에콜 데 보자르의 교육 중심은 도서관이었다. 학교는
도서관과 강의만 제공하고 설계 수업은 개별 건축가의 아틀리에에서 진행되었다. 그만큼 도서관은
건축교육에 중요한 역할을 한다.


건축의 학문적 정체성을 지켜주는 보루처럼 다가왔고 전에는 느껴보지
못했던 건축학도로서의 자부심을 갖게 해주었다.

　미국의 대학교에는 대개 중앙도서관(주로 인문학과 순수학문 도서관)
외에 전문 분야별 도서관이 있다. 과학과 공학 도서관이 분리되어 있
을 뿐 아니라, 의학, 법학, 건축(예술) 도서관이 별도로 있다. 이것은 건
축 분야가 서양의 학문체계에서 하나의 전문 영역으로 자리 잡고 있음
을 잘 보여준다. 그러나 한국에는 제대로 된 건축 도서관을 가진 학교

가 한 군데도 없다. 건축학교육인증제와 함께 소규모 학과 도서관을 운영하는 곳은 많지만 전문 도서관이라고 하기에는 턱없이 부족하다. 우리나라도 법학, 의학과 같은 전문 분야의 경우 전문 도서관을 갖춘 곳이 많고, 또 점차 갖추어가는 추세다. 법학교육의 경우 법학전문대학원 인가를 받기 위해서는 반드시 일정 규모의 법학 도서관이 있어야만 한다. 그러나 건축은 아직 갈 길이 멀다. 서양에서는 이미 오래전부터 전문 영역으로 확고히 자리 잡아온 건축의 학문적 정체성이 우리나라에서는 아직도 오리무중이다.

최근 건설 경기 침체로 취업이 잘 안 되고 지원율도 줄어서 흔히 하는 말로 건축학과가 죽었다고 한탄한다. 그러나 서구의 건축 경기는 우리나라보다 훨씬 나쁘다. 그렇지만 건축이라는 학문은 사회에서 여전히 매력적인 분야로 인식된다. 건축가라는 직업은 사회적으로 존경받으며 건축학교는 많은 건축학도로 붐빈다. 뿌리가 깊은 학문은 흔들리지 않는 법이다. 학문의 정체성이 모호하고 이를 지켜줄 보루가 없으며 경기에 따라 쓸려 다니는 것이 건축이라면 누가 자부심을 갖고 건축을 공부할 수 있겠는가?

# 행정 조직과 법에서
# 건축의 부재

우리나라의 행정 조직에도 건축은 제도화되어 있지 않다. 정부 조직에서 건축을 다루는 중심 부서는 국토교통부다. 그나마 부처 명에서 건설을 떼고 국토를 붙인 것도 최근의 일이다. 2008년 건설교통부가 국토해양부로 바뀌었고 박근혜 정부가 들어서면서 다시 국토교통부로 변경했다. 국토교통부의 조직은 크게 주택 및 토지, 건설 및 교통, 그리고 국토 및 도시 정책을 다루는 부서로 나뉘는데, 건축 관련 부서는 국토도시실 밑에 건축정책관이 있고 그 밑에 건축기획과와 녹색건축과, 건축문화경관과가 있을 뿐이다.

한마디로 국토교통부 내에서 건축의 위상은 초라하기 그지없다. 규모나 예산, 정책 순위에서도 토목과 건설이 우선한다. 이 정도의 조직으로 건축의 정체성을 세우고 건축문화를 주도하기에는 역부족일 수밖에 없다.

한편, 문화예술을 다루는 문화체육부에는 건축을 담당하는 부서가 없다. 〈문화예술진흥법〉(1995)은 건축을 미술, 음악, 무용, 연극, 영화 등과 함께 문화예술의 한 장르로 규정하고 있는데도 말이다. 2005년 문화예술국에 디자인 공간문화과가 신설되었지만 건축이라는 용어 자체가 없다. 결국 우리나라 정부 조직에서는 국가의 건축을 체계적으로 관리하고 그 수준을 높이는 일을 총괄하는 부서가 없는 셈이다. 문화로서의 건축이 없는, 건축이 건설과 혼용되는 우리나라의 현실이 그대로 반영된 결과이다. 서구 국가들은 건축을 담당하는 부서가 대부분 문화부 안에 있다. 우리나라도 정부 조직에 건축을 담당하는 총괄 부처 하나쯤은 있어야 하는 것이 아닐까?

　서울시의 경우는 더 복잡하다. 도시공간 환경과 건축을 수준 높게 관리하는 일은 지방자치 행정의 중요한 업무다. 그러나 서울시에서 건축을 담당하는 부서인 건축기획과는 주택정책실 밑에 있다. 행정 조직상 건축은 주택정책(주로 주택건설과 주택행정)의 수단에 지나지 않는 것이다. 반면 도시를 다루는 도시계획국은 처음부터 토목의 영역이었다. 도시 디자인의 개념이나 이를 다루는 부서는 없다. 또 공공건축물과 도시 시설의 건설 업무는 별도의 도시기반시설본부(2008년 신설)를 두어 담당하도록 하고 있다. 결과적으로 건축물과 공간 환경을 계획하고 건설하고 관리하는 일을 통합적으로 다루는 전문 부서는 없는 것이다. 영역별, 프로젝트별, 시설별로 수많은 부서가 각각 자신의 영역을 쪼개어 담당하고 있으니 부처 간 장벽이 생기고, 도시 환경을 전체적으로 일관성 있고 조화롭게 만드는 일은 기대하기 어렵다. 이러한 행정 조직은 일제강점기의 잔재다. 일제강점기에 건축은 건설기술이자 주택 공급의 수단으로, 도시는 도로를 만드는 토목기술로 각각 도입된 결과이고, 이는 지금까지 제도적으로 위력을 발휘하고 있다.

건축과 도시는 공공적 특성을 갖기 때문에 국가와 지방정부의 체계적이고 종합적인 관리가 필요하다. 지금처럼 각 부처의 행정 조직이 학교, 청사, 문화시설, 복지시설 등의 공공건축을 각 시설별로, 부서별로, 그리고 프로젝트별로 쪼개어 관리하는 방식으로는 이러한 목적을 달성하기 어렵다. 국가 차원에서 건축은 이러한 개별 시설들 위에 있어야 한다. 어떤 방식으로든 전문적 영역으로서 건축이 개별 시설과 프로그램을 전체적으로 통제하고 관리할 수 있어야 한다.

## 건축 공무원과 각종 위원회

선진국의 건축 공무원은 대개 건축사나 도시계획가와 같은 전문가들이다. 건축의 공공성을 고려하면 건축사가 공공 부문에서 일하는 것은 당연하다. 서구에서 공공적 환경을 조절하기 위해 국가 건축가나 시 건축가를 두는 전통이 생긴 것도 이 때문이다. 그러나 한국의 건축 공무원은 기본적으로 행정직이다. 그러니 공공프로젝트를 진행할 때 공무원은 주로 행정 지원업무를 담당하고 기획 및 설계 관리는 외부에 연구 용역을 주거나 각종 위원회를 만들어서 외부 전문가들을 참여시킨다. 프로젝트의 중요한 의사결정은 외부 전문가들에게 맡기고, 대신 자문위원회니 뭐니 해서 2중, 3중의 전문가 그룹을 만든다.

각종 위원회나 전문가 자문 그룹을 통해 복잡한 의견수렴 절차를 거치는 이유는 공공적 환경을 실질적으로 컨트롤하기 위한 것이라기보다는 면피용에 가깝다. 말하자면 전문성이 부족한 공무원들이 프로젝트를 관리하면서 각종 자문위원회를 통해 전문가들끼리 서로 견제하게 하고 실질적인 책임은 교묘하게 회피하는 것이다. 물론 모든 공무원과 위원회가 다 그렇다는 건 아니지만 이러한 문화가 제도화되어 있다는 사실은 부인할 수 없다.

담당 공무원은 보통 2~3년에 한 번씩 보직이 순환되기 때문에 일단 자리를 옮기고 나면 프로젝트에 대한 책임을 지지 않아도 된다. 전문성과 지속성이 필요한 건축과 도시에는 맞지 않는 시스템이다. 도시와 건축의 디자인과 건설은 오랜 시간이 필요할 뿐 아니라 지속적 관리가 필요하다. 공공 부문의 건축 공무원이 해야 할 역할이 바로 이런 것이다.

분산되어 있는 건축 부서를 통합하고 담당 공무원을 도시와 건축 전문가로 채우면 많은 문제를 해결할 수 있다. 우리에게는 아직 생소한 공공 부문의 건축가 제도가 활성화되어야 하는 이유가 여기에 있다. 한때 특별전형을 통해 공무원에게 건축사 자격증을 준 적이 있는데(이 제도는 1981년 폐지되었다), 이는 앞뒤가 바뀐 제도였다. 반대로 전문성 있는 건축사들을 건축 공무원으로 채용하여 일할 수 있게 해야 한다. 공공프로젝트를 위해 외부 용역으로 나가는 예산과 자문 비용의 일부만이라도 공공 부문의 건축 전문 부서를 운영하는 데 사용하면 된다. 2010년에 제정한 〈건축기본법〉 제21조에 의해 설정된, 국가 건축 디자인 기준에서는 지방자치단체의 디자인 행정 능력 강화를 위해 디자인 전담 조직 설치를 유도하였고 프로젝트에 따라 디자인 총괄 계획가를 의무적으로 두게 했다. 그러나 2011년 아우리(AURI, 건축도시공간연구소) 보고서에 따르면, 기존 행정 조직과 디자인 전문 조직의 갈등이 생기고, 디자인 전문 조직이 일반화된 행정체계로 정착되지 못했다. 이러한 문제를 근본적으로 해결하기 위해서는 건축 공무원을 전문가 조직으로 완전히 바꾸어야 한다.

## 건축기본법, 국가건축정책위원회 그리고 AURI

최근 건축에 대한 사회적 관심이 높아진 것은 사실이다. 정부에서도 선진국이 되려면 건축의 수준과 경쟁력을 높여야 한다고 생각하는 것 같다. 그 일환으로 2010년 〈건축기본법〉이 제정되었다. 취지는 서구의 모델을 따라 문화로서의 건축의 위상과 사회적 역할을 법적으로 천명하는 것이다.

〈건축기본법〉은 건축을 다음과 같이 규정한다. "'건축'이란 건축물과 공간 환경을 기획, 설계, 시공 및 유지 관리하는 것을 말한다."(제3조 7항) 여기서 "'건축물'이란 토지에 정착하는 공작물 중 지붕과 기둥 또는 벽이 있는 것과 이에 부수되는 시설물을 말"하며(제3조 1항), "'공간 환경(空間環境)'이란 건축물이 이루는 공간 구조·공공 공간 및 경관을 말한다."(제3조 2항) 또 "'건축 디자인'이란 품격과 품질이 우수한 건축물과 공간 환경의 조성으로 건축의 공공성을 실현하기 위하여 건축물과 공간 환경을 기획·설계하고 개선하는 행위를 말한다."(제3조 4항)

건축설계와 건축 디자인을 조금 다른 의미로 정의하고 있지만 건축을 '건축물과 공간 환경의 설계 및 실현에 관한 전문적 영역'이라는 국제 기준의 개념으로 명확히 규정하고 있다. 실상 건축을 바로 세우는 데 기초를 놓은 셈이다. 이 법은 국가건축정책위원회 신설도 규정하고 있다. 국가건축정책위원회는 중앙정부의 건축정책기본계획 수립과 지자체의 지역건축기본계획 수립을 의무화하고, 국가 건축 분야의 정책을 심의하고 관계 부처의 정책을 조정하는 업무를 담당한다. 〈건축기본법〉의 제정과 함께 많은 건축인은 이제 우리도 선진국과 같은 건축의 위상을 제도적으로 확보할 수 있을 거라는 희망을 가졌다. 그러나 그 결과는 어떤가.

건축이 문화라고 주장하면서도 국토교통부가 건설교통과 국토 및 도시정책의 일부로 건축을 다루는 관행은 여전하다. 그래서 그런지 국가건축정책위원회의 구성을 보면 건축이 아니라 국토 및 도시정책위원회로 변질된 느낌이다. 국가건축정책위원회가 산하 싱크탱크로 만들려고 했던 건축도시공간연구소^AURI^도 결국 국토연구원(국토교통부 산하 국책연구원) 산하로 들어갔다. 국토연구원은 도시 및 국토계획에 관한 연구소이다. 분명 문화로서의 건축, 디자인과 건설에 관한 전문 영역으로서의 건축과는 거리가 있다. 건축에 대한 선언은 했으나 문화로서의 건축에 대한 개념은 없고 건축과 건설이 혼용되는 우리의 현실은 그다지 변하지 않은 것 같다. 문제는 선언이 아니라 실천이다. 실질적인 건축의 생산 시스템을 바꾸어 제도적으로 문화로서의 건축의 위상을 세우는 일이 필요하다.

문화로서의 건축을 제도적으로 바로 세우기 위해서는 국가의 학문

분류체계를 조정하여 건축의 학문적 정체성을 바로 세우고, 건축사교육 및 자격 제도를 개선해야 한다. 또 국가와 지방의 건축 담당 행정 조직을 개편하고, 〈건축법〉, 〈건축사법〉, 〈국가를 당사자로 하는 계약에 관한 법률〉 등 관련법을 일관성 있게 개편해야 한다.

무엇보다도 건축을 건설로 분류하는 기존의 법체계를 바꾸어야 한다. 건축을 건설업, 건설기술로 규정한 기존의 〈건설산업기본법〉, 〈건설기술관리법〉에서 건축서비스 관련 내용을 제외하고 〈건축서비스산업진흥법〉에서 일관성 있게 규정해야 한다(산업분류에서도 건축설계를 건축서비스로 변경해야 한다. 왜냐하면 건축은 설계만이 아니라 감리 등 관련 서비스를 포함하기 때문이다).

또 〈국가계약법〉에서 지식서비스 산업으로서 건축서비스 용역에 대한 자원과 발주방식을 별도로 규정해야 한다. 도시 및 조경은 엔지니어링 용역이 아닌 건축서비스로 통합하고, 〈건축법〉, 〈건축사법〉에서 건축의 개념을 바꾸어(건축법 제2조 1항 9호는 건축물을 "토지에 정착하는 공작물 중 지붕과 기둥 또는 벽이 있는 것과 이에 부수되는 시설물, 지하나 고가의 공작물에 설치하는 사무소·공연장·점포·차고·창고, 그 밖에 대통령령이 정하는 것"으로 정의한다. 여기에 문화와 가치의 개념은 없다), 〈건축기본법〉의 틀안에서 모든 것을 일관성 있게 정리해야 한다. 〈건축기본법〉의 취지가 실질적인 건축 현장에 반영되도록 근본적인 제도를 정비하는 데서부터 시작해야 한다. 그렇지 않으면 〈건축기본법〉은 빛 좋은 개살구가 될 수밖에 없다.

## 모호한 건축서비스 산업

국가건축정책위원회에서는 최근 건축의 국가경쟁력을 향상시키기 위해 건축서비스 산업의 발전을 위한 보고서를 만들었고 이를 근거로 하는 〈건축서비스산업진흥법〉이 통과됐다. 그런데 〈건축기본법〉 제정에도 불구하고 건축에 대한 사회적 인식이 명확치 않으니 건축서비스라는 게 무엇을 대상과 목적으로 하는지 모호하다. 연구진은 우리나라에서 건축하면 건설을 떠올리기 때문에 건축서비스 산업이라는 말을 사용했다고 한다. 그런데 건축서비스 산업이 건축사사무소의 업무 영역과 경쟁력을 의미하는 것이냐고 물으면 건축설계뿐 아니라 건설 산업과 엔지니어링도 포함될 수 있다며 한발 물러선다. 건축서비스 산업의 발전이 건축사의 전문적 서비스 업무의 경쟁력을 높이자는 것인지, 엔지니어링과 건설 산업을 육성하자는 것인지 아니면 모두 다를 포함하는 것인지 연구진조차 헷갈리는 것이다. 우리나라에서 건설 산업은 디자인·빌드로서의 건축의 영역과는 구별되는 독립적인 영역이다. 건설 산업의 육성은 〈건축기본법〉의 취지나 건축의 경쟁력 향상을 위한 건축서비스 산업의 육성과 거리가 있다.

건축서비스 산업이란 무엇인가? 〈건축서비스산업진흥법〉은 '건축서비스'란 건축물과 공간 환경을 조성하는 데 요구되는 연구, 조사, 자문, 지도, 기획, 계획, 분석, 개발, 설계, 감리, 안전성 검토, 건설 관리, 유지 관리, 감정 등의 행위를 말한다고 규정한다. 이건 분명 건축사의 업무 영역을 말한다. 이는 국제건축사연맹의 건축사 업무에 관한 권고사항을 봐도 알 수 있다.* 예컨대 법률서비스를 변호사가 하고 의료서비

---

* UIA, "UIA Accord on Recommended International Standards of Professionalism in Architectural Practice and Recommended Guidelines".

스를 의사가 하는 것이 당연한 것과 마찬가지다. 물론 건축사가 아니어도 할 수 있는 건축서비스는 있지만, 어디까지나 서비스의 주체는 건축사다. 우리에게 필요한 일은 건축서비스 산업의 국가 경쟁력을 높이는 것이고, 이는 실제 건축사 업무의 수준과 경쟁력을 높임으로써 가능해진다. 그런데 건축서비스산업진흥에 관한 보고서와 법안에서는 건축사라는 명칭이 슬그머니 빠졌다. 대신 건축서비스사업자라는 모호한 용어가 등장한다. 건축서비스가 건축사의 업무인데 말이다. 건축서비스사업자라는 용어를 쓴 이유는 〈건축사법〉에 정의되어 있는 건축사의 업무가 '건축물의 설계와 공사감리'에 한정되어 있어서 〈건축서비스산업진흥법〉에서 말하는 건축서비스 업무 영역의 일부에 불과하기 때문이라고 하지만 이는 눈 가리고 아웅하는 식이다. 건축사의 디자인·빌드에 관한 업무가 기획·조사에서부터 시작되고, 사후 관리에까지 이른다는 것은 당연한 사실이다. 2009년 고시된 〈공공발주사업에 대한 건축사의 업무범위와 대가 기준〉에서도 건축사의 업무 영역을 설계와 공사감리, 건축CM 업무, 지구단위 및 도시계획 업무, 기타 감정 및 도서작성 업무로 규정한다. 그렇다면 실상 개정해야하는 것은 〈건축사법〉이다.

원래 〈건축서비스산업진흥법〉의 취지는 건축이 건설기술로 취급되는 것을 막고 건축서비스의 정체성을 세우는 것이었다. 그러나 법 제정에도 불구하고 건축서비스는 여전히 〈건설기술관리법〉의 틀 안에 있는 건설기술의 일부이고 〈국가계약법〉상 정체성이 모호한 건설기술 용역의 하나로 남아 있다.

서양에서는 건축의 개념이 분명하니 건축서비스가 무엇인지도, 그

주체가 건축사라는 것도 명확하다. 그러나 한국에서는 모두 모호하다. 건축계 내부에서조차 건축사는 아직 신뢰받는 전문직이 아닌 것 같다. 역시 한국에서 건축의 사회적 위상이 문제다. 온전한 건축의 개념이 제도화되어 있지 못한 채, 건설이 건축을 지배하고 건축과 건설기술이 혼동되는 현실 때문이다.

# 아키텍트는
# 건축사인가, 건축가인가?

한국에서 건축이 전문직 영역으로 자리 잡지 못한 상황은 건축사와 건축가란 두 가지 명칭에서도 그대로 드러난다. 영어의 아키텍트는 한국에서 건축사와 건축가 두 종류로 불린다. 이것부터 심상치 않다. 통상 건축사는 법적, 제도적, 기술적 의미가 강하고, 건축가는 예술적, 문화적 뉘앙스를 풍긴다. 그러나 앞서 설명했듯이 서양에는 이 두 가지 의미를 모두 포함하는 아키텍트라는 하나의 명칭이 있을 뿐이다. 물론 주로 어떤 업무를 담당하는가에 따라 건축사의 종류가 여럿 있을 수는 있다. 하지만 아키텍트라는 명칭이 두 개의 이름으로 번역되는 나라는 우리나라와 일본밖에 없는 것으로 안다. 이것은 아키텍트라는 전문직이 우리나라에 제대로 정착되지 못했음을 말해준다.

## 대서사에서 건축사로

건축사라는 명칭과 관련 제도는 일제강점기의 건축대서사 제도에서 비롯되었다. 건축대서사 제도는 조선시가지계획령(1936)에 의거하여 시가지 내의 건축 행위를 통제·관리하기 위해 건축허가 대행업무를 하는 자격 및 등록 제도(1938)로 시작되었다. 일제는 소정의 시험을 거쳐 건축대서사 자격을 주었는데, 당시의 고등공업(전문학교) 및 대학 이상에서 건축을 공부한 사람에게는 집필 및 실기 시험을 면제하는 혜택을 주었다. 또 공업학교(고등학교) 건축과 졸업자와 건축 관련 학력은 없으나 일정 기간 건축 분야의 설계 및 감리 분야에서 종사한 사람에게는 실적 증명 제출로 건축대서사 시험에 응시할 수 있게 했다.

그러나 교육 여부나 직업에 관계없이 누구나 기본적 건축구법과 법에 관한 시험만 통과하면 자격을 부여받았다. 대서사라는 명칭에서도 알 수 있듯이 이는 서구적 의미의 건축사가 아니라 인허가를 담당하는 행정대행업의 성격이라고 할 수 있다. 소위 오늘날 허가방의 기원인 셈이다.

지금의 건축사 자격 제도는 건축대서사 제도를 기반으로 해서 1963년 〈건축사법〉이 제정되면서 시작되었다. 〈건축사법〉은 건축물을 설계하고 감리하는 사람의 자격을 규정함으로써 급증하는 건설 수요를 관리하고 건축물의 안전 및 질적 수준을 유지하기 위한 목적으로 제정되었다. 〈건축사법〉은 건축사의 법적 지위와 배타적 업무 영역을 제도적으로 보장했고, 1965년에 제1회 건축사 자격시험을 실시하였다. 전문직으로서의 건축사 개념과 건축전문교육에 대한 기준이 없는 상태에서 소위 허가방을 운영하던 건축대서사 350명에게는 모두 무시험 전형으로 자격을 수여했고, 결국 수준미달의 건축사를 대량으로 양성하는 결과를 가져오고 말았다.

당시 건축대서사 제도를 기반으로 한 〈건축사법〉 제정에 대해 대학에서 건축을 전공한 사람들의 반발이 이어졌다. 그 중심에는 대한건축학회와 한국건축가협회가 있었다. 대한건축학회의 역사는 광복 직후까지 거슬러올라간다. 1945년에 건축인들은 조선건축기술단을 결성하는데, 1947년에는 조선건축기술협회, 1949년에는 대한건축기술협회, 1954년에는 대한건축학회로 이름을 바꾸어 이어져왔다. 그러나 명칭에서 알 수 있듯이 이들 또한 서구건축 기술자에 불과했고 서구적 의미의 건축가는 아니었다.

한국건축가협회는 일본 유학파를 위주로 한 일부 건축가들이 서구적 건축 개념을 주장하면서 결성한 것으로, 건축작가협회가 그 출발이다. 이들은 건축가를 기술자와 구별하고 예술가로서 건축가의 개념을 강조했다. 그래서 대한민국미술전람회에 가입하고 1961년 한국건축가협회를 결성했다. 이들은 "구미에서 발달한 전통적 건축가는 우리나라의 건축사법에 의해 탄생한 건축사와는 성격이 다르고 거리도 있다"고 하며 "이들 양자를 합일시켜 사회적으로도 권위 있는 건축사를 실현해야 한다"고 주장했다.

그러나 한국건축가협회와 대한건축학회의 반대는 법 제정을 막지 못했고, 1965년에는 〈건축사법〉에 의한 법정단체인 대한건축사협회가 창립되었다. 말하자면 대한건축사협회는 광복 후인 1945년 12월에 대서사들이 중심이 되어 건축사라는 명칭을 처음 사용하면서 만든 조선건축사협회가 그 모태가 된 것이다. 〈건축사법〉 제정에 반대했던 한국건축가협회와 대한건축학회는 대한건축사협회 창립에 반발하여 건축사 시험을 거부하기도 했지만 전문직으로서 건축에 대한 사회적 인식과 문화적 토대가 없는 상황에서는 근거 없는 밥그릇 싸움의 성격을 띨 수밖에 없었다.

　이것이 우리나라에 건축사와 건축가, 대한건축사협회와 한국건축가협회가 양립하게 된 배경이며 현재까지 건축사와 건축가의 혼돈스러운 공존으로 이어지고 있다. 건축사는 법적 자격과 지위를 갖지만 건축의 문화예술적 의미가 결여된 이미지가 있고, 건축가는 문화와 예술을 표방하지만 전문직으로 법적 자격과 지위가 없는 임의적 명칭이다. 대한건축사협회는 국토교통부 소관이지만 한국건축가협회는 문화체육부에 등록되어 있는 것만 봐도 그 양립 상황을 알 수 있다.

　건축대서사에서 출발한 한국의 건축사를 서구적 의미의 아키텍트로 보기는 어렵다. 서구에서 건축사 자격은 건축이라는 전문직 영역이 형성되는 과정에서 제도화되었다. 국가 주도의 건축교육이 일찍 체계화된 프랑스에서는 건축학교의 졸업장diplôme이 건축사 자격을 대신했다. 미국이나 영국같이 국가 건축가 제도가 없는 나라에서는 건축가들의 사교 집단이 스스로 건축 실무의 수준을 높게 유지하기 위한 교육을 실시하고 설계비 기준 등 자신들의 이익을 보호하는 윤리 규정을 만들면서 공식적인 전문직 단체로 발전했고, 국가도 이들의 자격을 인정해주면서 제도화를 이룰 수 있었다. 이후 건축전문직단체의 회원이 되는

**프랑스의 에콜 데 보자르 디플롬**
국가 주도의 건축교육이 일찍 체계화된 프랑스에서는
건축학교 졸업장이 건축사 자격을 대신했다.


시험을 통해 자격을 수여하는 건축사 제도가 정착된 것이다. 그러나 한
국에서 건축사의 제도화는 건축이 전문직으로 형성되지 않은 상태에서
국가가 밀려드는 건축 행위를 행정적으로 통제하기 위해 위로부터 이
루어졌다. 전문교육과 전문직의 형성 없이 자격 제도부터 만들어진 것
이다.

## 전문직의 조건, 지식의 체계화
전문직이 성립되려면 먼저 전문성을 뒷받침하는 지식 기반이 있어야
한다. 서구에서는 르네상스 시대에 고전건축이론이 체계화되면서 건축
의 디서플린(건축이론과 지식체계)이 형성되기 시작했다. 앞서 설명했듯
이 이것은 주로 디자인에 관한 이론이었고 아카데미를 통해서 전파되

**클로드 페로가 번역한 비트루비우스의
『건축 10서』**(1673)

왕립건축아카데미는 국가가 직접 건축을
통제하고 궁정의 취향을 규범화하기 위한
목적으로 설립되었다.

었다. 당시 이탈리아의 학자, 예술가, 건축가 들은 아카데미에 모여 건
축의 인문학적 원리에 대해 공부했고, 프랑스에서는 절대왕정이 성립된
후 국가가 직접 건축 실무에서 길드의 영향력을 통제하고 궁정의 취향
을 규범화하기 위해 왕립건축아카데미를 설립했다. 프랑스의 클로드 페
로Claude Perrault가 궁정의 명령으로 비트루비우스의『건축 10서』를 최초로
불역한 것도 왕립건축아카데미를 통해서였다. 영국을 비롯한 다른 유럽
국가도 왕립건축아카데미의 권위 아래서 건축이론을 체계화하고 대중
적으로 전파했다. 이를 통해 유럽은 건축 실무를 통제하고 건축의 전문

**미국 최초의 전문직 건축가 라트로브와 그가 설계한 국회의사당**
영국 출신인 라트로브는 독일과 영국에서 공부한 후 미국으로 넘어가 펜실베이니아 은행,
볼티모어 대성당, 워싱턴 국회의사당 재건공사 등을 담당하였다. 그는 건축 불모지였던
미국에서 이론과 실무에 능통한 전문직으로서 건축가의 위상을 주장하였다.

화를 이룰 수 있었다.

뒤늦게 이민자들에 의해 건축이 도입된 미국에서는 건축가들이 경
쟁자이던 목수, 건설업자, 기술자, 그리고 아마추어 건축가 들과의 차별
화를 통해 스스로 전문직 지위를 형성해갔다. 영국에서 건축을 공부하
고 미국에서 활동한 벤자민 헨리 라트로브<sup>Benjamin Henry Latrobe</sup>는 미국 최초
의 전문직 건축가로 평가되는데, 그는 건설 장인들은 건축이론을 모르
고, 젠틀맨 아마추어 건축가는 기술을 모른다고 비판하면서 그 중간적
위치에 있는, 이론과 실무에 모두 능통한 전문직으로서 건축가의 위상

을 주장했다. 미국의 건축가들은 협회AIA를 만들어 건축 직능교육과 윤리, 설계비 기준을 제정하고, 정부에 자신들의 요구사항을 주장하여 이를 관철시켰다. 또 협회 차원에서 부당한 조건의 현상설계에 회원들이 참여하는 것을 제한하는 등 스스로의 권익 보호를 위해 공동 대응하면서 건축 전문직의 사회적 위상을 확보해갔다.

전문 직능의 뿌리와 역사가 없는 상태에서 한국건축이 디자인에 대한 이론과 지식을 체계화하고 전문직의 위상을 확보하기 위해서는 서양과 같은 아카데미나 학교, 전문직 협회의 주도적 역할이 필요했다. 아카데미는 우리말로 하면 학회 또는 학술원인데, 한국도 1950년대 대학에서 건축을 전공한 사람들이 참여하여 대한건축학회를 결성했다. 이들은 '미국의 AIA, 영국의 RIBA와 같이 건축에 종사하는 사람들의 질적 향상을 도모하며 아카데믹하게 나가는 유일한 연구단체'를 지향했다. 그러나 건축학회는 서양의 아카데미와 달리 건축과 건설, 건축가와 기술자의 구분이 없었고, 그 성격은 오히려 건축 기술자의 모임에 더 가까웠다.

한편, 대한건축사협회는 형식상 전문직 협회를 표방했으나 대서사 제도를 근간으로 한 것이어서 건축의 전문직화를 추구하거나 대변할 만한 역량을 갖추지 못했다. 또 당시 대학의 건축교육은 건설기술자를 양성하는 성격을 가지고 있어서 건축의 디자인에 관한 이론과 지식체계를 확립할 수 있는 여건이 안 되었다. 이래저래 우리나라에서 건축은 전문직으로서 지식체계도 약하고, 학문적 정체성과 사회적 지위도 취약할 수밖에 없었다. 그리고 이 문제는 지금까지도 계속되고 있다.

## 비즈니스와 정치만 존재하는 현실

건축의 지식 기반이 취약하다 보니 건축계는 전문성보다 비즈니스와 정치가 우선한다. 이것은 학계와 실무계 공히 마찬가지다. 예컨대 건축 관련 학회나 위원회의 장을 선출할 때 우선하는 것은 출신 학교와 지역 별 배분과 같은 정치적 사안이다. 지방자치단체나 국가의 건축 관련 위원회도 마찬가지다. 건축의 가치를 논의하고 다루는 위원회에는 학문적 배경과 경험, 그리고 전문성이 확인된 건축가와 학자들이 참여하여 책임감을 가지고 일해야 하지만 우리 건축계에서 전문성에 대한 객관적 평가는 거의 불가능하다. 이는 학문적 토대가 취약하고 전문성을 판단할 공유된 기준이 없기 때문에 일어나는 현상이다.

실무계도 마찬가지다. 흔히 하는 말로 한국에서 설계사무소 소장은 40대가 지나면 연필을 놓는다고 한다. 이 말은 한국에서의 건축은 철저히 비즈니스의 영역이라는 점을 암시한다. 건축이 사적 시장에서 비즈니스의 성격을 갖게 된 것은 19세기 이후 자본주의적 시장이 발전하면서부터다. 하지만 서양에는 오래전부터 소위 젠틀맨 건축가의 전통이 있었다. 다시 말하면 건축은 공공적 가치를 추구하는 고상한 학문·실무로 받아들여졌지 비즈니스를 통해 개인적 이익을 추구하는 수단이 아니었다. 그래서 서양의 건축은 자본주의 체제하에서도 전문직으로서의 자존심과 사적 비즈니스 사이에서 타협을 통해 균형을 잡아왔다. 그러나 한국에는 젠틀맨 건축가의 전통이나, 공공적 서비스로서의 건축 전통이 존재하지 않는다. 건축은 영업력 있는 사업가의 비즈니스일 뿐이다.

## 한국의 건축계가 통합되지 못하는 이유

현재 한국에서 건축 직능을 대변하는 단체는 대한건축학회, 대한건축사협회, 한국건축가협회 3개가 있다(2002년 젊은 건축사들을 중심으로 새건축사협회가 만들어져 악전고투하고 있지만 아직은 위상이 미미하다. 최근에는 한국건축가협회와 새건축사협회가 연합체를 구성했다). 대한건축학회는 학술단체이고, 대한건축사협회와 한국건축가협회는 직능단체인데 두 단체의 성격은 앞서 설명했듯이 모호하게 분리되어 있다.

최근까지 국제건축사연맹에서 한국의 건축사를 대표하는 단체는 한국건축가협회였다. 건축은 국제 기준으로는 문화예술에 속하므로 문화체육부 산하 단체인 한국건축가협회가 회원이 된 것이다. 그러나 한국건축가협회는 법적 건축사 자격이 없는 회원이 과반을 넘어 전문직 단체로서의 성격이 약하다. 한국에서 법적 자격을 가진 건축사의 전문직능단체는 대한건축사협회이므로 당연히 대한건축사협회가 국제건축사연맹의 회원이 되어야 한다. 하지만 한국의 특수한 역사적 사정 때문에 두 개의 전문직 단체가 존재하게 됨으로써 이 같은 웃지 못할 에피소드가 생긴 것이다.

대한건축사협회의 항의로 이 사실을 알게 된 국제건축사연맹이 한국에 자체적인 문제의 해결을 요구했고, 대한건축사협회와 한국건축가협회는 통합을 위한 논의를 진행했지만 협상은 실패했다. 하지만 건축의 국제화에 대응하기 위해 통일된 대외 창구가 필요하다는 명분에는 모두 동의했기 때문에 결국 대한건축사협회, 한국건축가협회, 대한건축학회 세 단체가 모여서 동일 지분을 갖는 건축단체연합FIKA이라는 새로운 단체를 만들었다. 그 결과 지금 대외적으로 한국의 건축사 직능을 대표하는 단체는 건축단체연합이 되었다. 그러나 대한건축학회는 건축뿐 아니라 건설 산업과 엔지니어링을 모두 포함하는 학술단체이다. 이처럼 모호한 정체성 때문에 건축단체연합은 건축사를 대변하는 전문 직능단체와는 거리가 멀어지게 되었다.

한국의 건축계가 제대로 통합되지 못하는 이유는 간단하다. 사회적으로 공유된 건축의 정의, 개념, 규범이 없기 때문이다. 직능단체와 학회마저 건축의 개념을 제대로 정의하지 못하고, 정체성을 바로 세우지 못하는데 건축계가 통합될 리는 만무하다. 왜곡된 한국건축의 현실은 한국의 특수성으로 치부하기에는 너무 복잡하게 얽혀 있고 문제가 심각하다.

문제는 건축계 내부에 있다. 건설의 과도한 성장과 지배, 법과 행정의 주도권 속에서 기득권을 유지하려는 건축계 내부의 세력들이 문제다. 그들은 건축 본연의 통합적 성격이 강해지면 건설과 공학이 약화될 거란 걱정 또는 건축의 개념이 명확해지면 건축의 공허한 이름 아래 누려왔던 자신들의 지분과 영향력과 위상이 움츠러들 것이란 우려 때문에 건축의 정체성을 바로 세우기 위한 노력을 하지 않는다.

이미 건축계는 소수의 엘리트 건축가와 학자들이 주도하여 움직이기에는 너무 광범하고 이질적인 그룹들(건축사, 건축가, 건설업계, 학계, 공무원 등)로 구성되어 있어 중의를 모으기가 어렵다. 지금 한국의 건축계는 같은 건축을 말하면서도 서로 다른 건축을 생각하는 많은 분파들로 나뉘어 있다. 이것은 학자, 건축가 집단 공히 마찬가지다. 여기에는 배

타적 집단의식과 상호 배제의 정치학이 존재한다. 그 이질성과 동상이
몽은 한국에 건축계는 과연 존재하는가에 대한 의문마저 들게 한다. 물
론 건축의 스펙트럼은 있을 수밖에 없다. 하지만 그것은 건축이라는 공
동의 문화적 토대 위에 있어야 한다. 그러나 한국에는 건축계라는 공동
의 토대와 문화가 없어 보인다.

# 공공적 서비스로서
# 건축의 부재

한 사회가 전문직 자격 제도를 통해 업무 영역에 독점적, 배타적 지위를 부여하는 데는 그만한 이유가 있다. 전문직은 개인적 이윤 추구를 넘어 공공의 안전과 건강, 복지와 같은 공공적 가치와 사회적 필요에 봉사하기 때문이다. 물론 건축은 예술적 속성 때문에 전문직으로서의 지식체계가 다른 분야에 비해 상대적으로 모호한 것이 사실이다. 그래서 서양에서도 건축사 자격 제도에 대한 반대의 목소리가 있었다. 예를 들면 19세기 말 영국에서 예술공예운동 Art and Craft movement 을 이끈 당대 최고의 건축가들은 디자인은 측정 가능한 것이 아니라는 예술의 자율성을 명분 삼아 건축사 자격 제도에 반대했다. 영국에서는 1993년 건축사에게 독점적 권리를 부여하는 것은 공정거래에 위반된다며 건축사의 국가 자격 제도를 폐지하려는 움직임도 있었다.

그런데도 건축사 자격 제도는 여전히 유지되고 있다. 전문직의 핵심은 예술적 능력이나 사업이 아니라 공공의 이익과 안전문제에 있다는 것이 그 이유다. 건축의 공공성을 위해서는 기술적 표준과 교육 기준이 필요하다는 명분 아래 건축사 자격 제도는 유지되었다.

건축이 공공적 서비스라는 인식은 서구사회의 오래된 전통이다. 영국의 젠틀맨 건축가의 문화나 유럽의 국가 건축가 제도는 모두 여기에 바탕을 둔다. 여기에는 시설물의 성능과 안전성을 넘어서는 건축의 문화적 가치가 포함된다. 일찍이 비트루비우스는 건축의 공공적, 사회적, 윤리적 역할을 강조한 바 있다. 르네상스 건축가들도 인문적 원리에 바탕을 둔 건축의 아름다움은 사람들에게 도덕적 영향을 미친다고 생각했으며, 알베르티는 심지어 건축은 적의 마음도 돌려놓을 수 있는 능력이 있다고 했다. "아름다움은 격분한 적에게 영향을 미칠 것이고 그의 분노를 무장해제시킬 것이다."•

르네상스의 기초를 놓았다고 할 수 있는 알베르티의 건축이론 또한 이에 바탕을 둔다. 그의 이론은 특히, 건축은 '시민적 행위'이며 '공공의 이익을 위한 것'이고 '공동체를 위한 이상적 환경을 제공하는 것'이라는 개념이 기본을 이룬다. 알베르티는『건축론』서문에서 다음과 같이 썼다.

"공공에 대한 봉사, 안전, 영광, 장식의 측면에서 우리는 건축가에 의존한다. 우리는 휴식의 시기에는 조용함과 즐거움과 건강을, 사업을 할 때는 이윤과 안전에 도움을 받는다. 그러므로 우리는 건축가가 만든 작품의 아름다움과 견고함, 필요성, 봉사로 인해 그들이 칭찬받고 존경받으며 인류로부터 보상과 영광을 받을 만한 위인들의 반열에 포함되

---

• 레온 바티스타 알베르티,『건축론』, Book VI, chap 2.

는 것을 허용해야 한다."•

　서양에서 건축은 이처럼 단순히 개인적인 일이나 기술이 아니라 사회적으로 매우 의미 있는 공공적 서비스로 간주되었다.

　근대 이후 건축이 엘리트의 전유물이 아니라 대중의 문화가 되고 시민과 공공건축주를 상대로 하게 되면서 공공적 서비스로서의 건축 개념은 더욱 중요한 쟁점으로 대두했다. 18~19세기 유럽에서 공공건축의 과제는 대중을 계몽하고 사회적 진보를 표상할 수 있는 시민적 건축을 창조하는 것이었다. 당시 신고전주의 건축은 이성적 질서와 형태의 명증함으로 대중의 이성적 능력을 높이고 미적 취향과 도덕심을 고양하는 공공건축의 규범으로 주장되었다. 카를 프리드리히 싱켈Karl Friedrich Schinkel이 설계한 베를린에 있는 알테스 뮤지엄Altes museum은 19세기 중반에 지어진 전형적인 계몽주의적 시민건축으로, 공공적 서비스로서의 건축을 상징하는 모델이다.

　이와 달리 한국 근대건축은 시민적, 공공적 가치에 대한 논의와 무관하게 발전했다. 식민지 근대화의 과정에서 시민사회는 성장하지 못했고 건축가, 지식인, 시민이 참여하여 건축의 공공적 가치를 논할 수 있는 공공영역도 형성되지 못했다. 국가 건축 생산 체제는 있었지만 공공적 서비스로서의 건축에 대한 개념은 존재하지 않았다. 일제강점기에 건축을 공부한 사람들은 근대 시민사회에서 형성된 공공적 가치와 윤리를 바탕으로 하는 전문직이라기보다 식민지 근대기관의 건설에 종사할 기술자로 양성되었다.

---

• 레온 바티스타 알베르티, 『건축론』, 서문.

© Avda

**싱켈이 설계한 알테스 뮤지엄**

영국과 독일에서는 신고전주에 대한 반발로 고딕양식이 공공적 건축의 취향으로 주장되기도 했고,
이에 관한 논쟁은 건축가들 사이에서뿐 아니라 지식인과 대중 사이에서도 활발히 전개되었다.

## 공공 조직에서 사적 시장으로

해방 이후 자본주의적 근대화 과정에서 한국 근대건축은 공적 직무가
아닌 사적 비즈니스로 그 성격이 확고해졌다. 6·25 전쟁 후 한국은 전
후 복구를 위해 단기간에 막대한 양의 건설을 해야 했다. 정부는 대한
주택공사와 같은 공공 부문의 건축 조직을 통해 전후 복구와 주택 건설
을 추진했다. 그러나 정부의 예산은 부족했고 축적된 기술도 없었기에
정부 주도의 건설은 효과적이지 못했다. 1960년대 말 주택공사와 서울
시가 건설한 서민 아파트가 부실로 무너지고 서민들을 위한 주거단지

가 실패하면서 정부는 주택 공급을 점차 민간건설 시장에 의존했다.

정부가 주도하는 건축의 공공적 시스템은 점차 약화되었고 대신 민간건축 시장은 황금기를 구가했다. 70~80년대 민간건설 시장의 활성화와 함께 주택공사와 같은 공공 조직도 민간 기업과 같은 논리로 시장에 참여했고, 관공서의 설계실이나 영선과에 근무하던 건축사들은 공공 조직에서 나와 민간 시장에서 이윤을 추구하는 사업가로 변신했다. 이들은 인맥을 활용하여 건축설계 시장에서 쏟아지는 물량을 장악하고, 단시간에 대형 건축사무소로 성장할 수 있었다. 한국의 대형 건축사무소 설립자들은 대부분 주택공사나 철도청과 같은 공기업이나 은행의 영선과 출신이다.

자본주의 사회에서 건설 자본은 이윤 추구를 목적으로 하기 때문에 건축의 공공적 가치와 충돌할 수밖에 없다. 한국의 도시 근대화 과정이 민간건설 시장에 의존하다 보니 건축은 부동산 개발 사업과 건설 자본에 복무할 수밖에 없었고 건축사는 이 과정에서 기능직 역할을 수행하기에 급급했다. 서구사회에서 전문직으로서의 건축사의 역할은 개인 건축주와 공공의 가치를 중재하는 데 있다. 그러나 건설의 지배적 우위 속에서 한국의 건축가들은 건설 자본의 하수인으로 전락했다. 공적 담론으로서 건축 개념은 사회에 뿌리내리지 못했고 공적 이익을 대변하는 전문직으로서 건축사의 위상은 확보되지 못했다. 이것은 한국 근대건축의 중요한 특성이다.

미국도 공적 직무로서의 전통 없이 사적 비즈니스로 건축이 상업화된 경우다. 그러나 19세기에 유럽의 젠틀맨 건축가 전통이 지속적으로 영향을 미쳤고, 전문직의 형성 과정에서 건축의 공공성 개념은 건축가들의 중요한 무기로 사용되었다. 그러나 위로부터 제도화된 한국건축에 비즈니스 개념이 정착되면서 전문직으로서 건축의 디서플린과 사회적 위상, 공공적 서비스의 개념이 자리 잡을 기회는 더 멀어졌다.

## 건축의 공공성에 대한 논의

최근 들어 우리나라에서도 건축의 공공성에 대한 논의가 활발하다. 건축계 일부에서 지속적으로 건축의 공공성 문제를 제기해왔고 이에 반응하여 지방자치단체나 정부에서도 공공디자인이란 이름으로 많은 프로젝트를 진행하고 있다. 앞에서 설명했듯이 건축의 공공성은 건축이 전문직으로 인정받기 위한 사회적 조건이기도 하다. 이를 위해서는 사회가 건축의 공공성을 필요로 하고 그 가치를 공유해야 하며, 사회적으로 소통될 수 있는 원리와 규범이 있어야 한다. 그러나 우리나라에서 과연 건축이 공공적 가치를 가진 문화적 생산물로 인식되는지는 의문이다. 우리나라에서 건축은 아직 건설 산업의 생산품이지, 공공적 서비스로 간주되는 것 같지는 않다.

공유된 미적 규범이 없는 현대사회에서 건축의 공공성을 말하는 것은 그렇게 간단한 문제가 아니다. 또 건축이 과거와 같은 공공적 역할을 감당하기에는 현대사회가 이미 너무 많이 변했다고 할 수도 있다. 그러나 하나의 건축물이 들어섬으로써 주변 환경을 완전히(좋은 쪽이든 나쁜 쪽이든) 변화시키고 주변 지역의 경제적 가치를 끌어올리는 경우를 드물지 않게 본다. 이것은 르네상스와 신고전주의 건축가들이 생각했

**빌바오 구겐하임 뮤지엄**

건축이 자본의 권력을 이미지화하는 도구로 쓰였다는 점에서 평가가 갈리지만,
이 건축물은 지역의 경제와 문화를 발전시켜 빌바오를 세계적인 관광명소로 만들었다.
건축의 공공적 영향력에서 보면 아마도 대표적인 사례일 것이다.

던 건축의 공공적 가치는 아니지만 새로운 개념의 건축의 공공성이라
고 볼 수 있다. 건축의 공공적 가치와 사회적 역할은 역사적으로 그 내
용은 변해도 여전히 유효하다고 볼 수 있다.

# 전문직과
# 건축교육

**건축의 전문성은 교육을 통해 확대 재생산된다**

건축이라는 전문직이 유지되기 위해서는 체계적 교육이 뒷받침되어야
한다. 통일된 교육 기준은 건축의 전문직화에서 가장 중요한 요소다. 그
래서 국제건축사연맹은 건축사의 자격 조건으로 시험보다는 전문교육
의 중요성을 더 강조하며, 교육인증 제도에 대한 국제 기준의 필요성에
공감한다.

　　서양에서도 건설현장에서 배우던 건축 노하우가 학교에서의 체계
적인 교육으로 발전하면서 건축이 전문직으로 성장하였다. 프랑스에
서는 국가 주도로 왕립건축아카데미와 에콜 데 보자르의 교육 시스템
이 발전했다. 여기서는 이전과는 전혀 다른 추상적 디자인 원리와 미학
을 가르쳤다. 1675년 자크 프랑수아 블롱델Jacques Francois Blondel이 아카데미
에서 학생을 가르치기 위해 발간한 책 『Cours D'architecture』은 18~19

**블롱델의 『Cours D'architecture』(1675)**
블롱델이 1675년에 발간한 책은
18~19세기 유럽 건축교육에 큰 영향을 미쳤다.

세기 유럽 건축교육에 큰 영향을 미쳤다. 영국은 국가 주도는 아니지만 왕립예술아카데미의 강의와 사무실 도제교육 시스템인 퓨필리지<sup>pupillage</sup>, 그리고 AA<sup>Architectural Association</sup>와 같은 건축가들의 자발적인 교육체제를 발전시켰다. 미국에서는 사무실에서 도제식으로 이어지던 건축교육을 교양교육을 바탕으로 한 대학체제 안에서의 건축교육으로 만들어 건축을 전문직으로 발전시켰다. 현재 대학에서 스튜디오를 중심으로 하는 건축교육 방식은 이러한 여러 가지 방식이 혼합된 것이라고 할 수 있다.

반면 한국의 건축교육은 일제강점기 경성공업전문학교(1915)와 경성고공(1922)에서 시작되었지만 건축가 양성을 위한 교육이라기보다는 기술 위주로 기능인을 양성하기 위한 것이었다. 의장이라는 이름으로 간단한 디자인 원리와 드로잉을 가르쳤지만, 단순히 양식건축의 드로잉과 장식 모티브를 습득하는 것으로 제대로 된 설계교육은 아니었다.

광복 이후 고등교육체제를 정비하면서 앞으로 우리나라에서 건축교육을 어떻게 해야 할 것인가에 관해 여러 의견이 있었다. 서양과 같이 전문적인 건축교육을 제대로 해야 한다는 주장이 제기되었고 이를 위해 건축대학을 설립해야 한다는 목소리도 있었다. 예컨대 1978년 윤승중은 '건축가 교육'을 목표로 대학의 커리큘럼을 재편성하고 '몇몇 대학을 건축대학으로 승격시켜 건축가를 길러내는 전문교육을 지향하라'고 주장했다. 그러나 이러한 주장은 받아들여지지 않았다.

당시 건축을 주도하던 세력이 일제강점기 기술 위주의 교육을 받은 사람들이었고, 당장 사회에서 필요한 건설 인력을 충족할 필요도 있었다. 전후 복구와 5·16 군사쿠데타 이후 진행된 경제개발 우선 정책에 필요한 인력을 확보하기 위해 전국에 건축공학과가 우후죽순으로 설립되었지만 건축사를 양성하기 위한 체계적인 교육은 없었다. 한국의 20세기 후반은 건설의 시기였고, 건축교육은 기술자를 양성하는 교육이었으며, 그중 일부가 스스로 건축가로 성장하는 양상이었다. 1993년에 결성된 '건축의 미래를 준비하는 모임'에서 건축교육 개선과 국립건축학교 설립을 제안했지만, 2000년대까지 건축가 양성을 위한 건축전문교육은 정립되지 않았다.

## 건축학교육과 건축교육

최근 대부분의 대학교에서 공학기술 위주의 4년제 건축교육을 학부 5년제 또는 대학원 중심의 건축학교육과 4년제 건축공학교육으로 개편했다. 여기서 건축학교육이란 서구적 의미의 (예비)건축사 양성을 위한 교육으로 사실상 건축교육을 말한다. 그러나 지금까지 우리나라의 건축교육은 건축가 양성을 위한 설계교육과 기술자 양성을 위한 공학교육이 섞인 모호한 성격을 갖고 있었기 때문에 기존의 건축교육과 구분하기 위해 건축학교육이란 용어를 사용하기 시작한 것이다.

현재 우리나라에서는 건축교육, 건축학교육, 건축전문교육, 건축설계교육이 명확한 개념 정의 없이 모호하게 혼용되고 있다. 어떤 사람들은 건축학교육을 설계 스튜디오의 디자인 교육만 지칭하는 것으로 오해한다. 역사이론이나 기술 관련 과목은 건축학교육의 본질과는 무관한 부수적인 것으로 간주한다. 사정이 이렇게 된 것은 그동안 설계 스튜디오 교육이 워낙 부실했던 데 있다. 그러나 건축교육은 스튜디오 교육만을 의미하는 것이 아니다. 어느 나라나 건축교육은 크게 디자인 스튜디오와 역사 및 이론교육, 기술교육으로 구성된다. 역사이론과 기술교육은 모두 디자인에 필요한 학문과 이론을 습득하기 위한 것이며 궁극적으로는 디자인 스튜디오 안에서 통합되는 것을 지향한다(여기서 기술교육은 재료와 구조, 환경의 기본원리를 이해하는 구축술이지 기술적 도구로서 엔지니어링이 아니다). 결국 건축학교육, 건축전문교육, 건축설계교육은 예비 건축사 양성을 위한 교육이란 점에서 모두 건축교육을 의미하는 같은 말이다. 이러한 용어의 혼돈은 건축의 개념이 바로 서지 못한 데서 오는 것이다.

건축교육 제도를 개편하면서 설계교육을 어떻게 해야 하는지도 새로운 숙제로 등장했다. 건축이 사회에서 제도화된 규범으로 받아들여질 때는 이를 가르치는 것이 어렵지 않다. 예컨대 과거 보자르에서 가르쳤던 디자인 규범들은 하나의 아카데믹 원리로서 전수되었다. 근대 유럽과 미국의 건축학교 교육은 여기에 뿌리를 두고 있다. 그러나 현대 사회에서 건축의 공유된 규범과 아카데믹 원리는 상실되었고 양식은 상대화되었다. 근대 이후 더 이상 과거와 같이 공유된 원리를 갖지 않게 되면서 건축을 어떻게 가르칠 것인가는 서양에서도 어려운 숙제가 되었다.

　건축 디자인의 문화적 전통이 없는 한국에서의 건축교육은 이래저래 더 어려울 수밖에 없다. 한국에서 건축을 공부한 국내파 건축가들은 학교에서 설계교육을 제대로 받은 적이 없기 때문에 스스로 실무를 통해 개인적인 건축의 지식체계를 만들어왔다. 반면, 해외에서 공부한 건축가는 자신이 유학한 나라의 단편적 설계 규범과 방법론을 습득해서 실무에 활용해왔다. 하지만 디자인에 관한 이론은 보편적이라기보다는 문화적이고 역사적인 것이다. 건축 디자인에 관한 공유된 이론과 문화적 전통이 없는 상황에서 이들의 건축은 개인적인 것에 불과하며 사회적으로 소통되기는 어렵다. 한국에서 건축 디자인을 가르치고 평가할 때 근거 없는 개인 취향과 모호한 신비주의에 의존하게 되는 이유가 여기에 있다. 우리의 역사와 문화에 적응된 디자인 이론을 구축하는 것은 언제나 가능할까? 가르칠 수 있고 평가의 기준이 있는 사회적으로 공유된 규범과 지식의 생산은 도대체 가능한 일인가?

## 스튜디오와 아틀리에, 설계 동아리

많은 대학교의 건축학과에는 학생들이 자발적으로 운영하는 아틀리에

**보자르의 Pascal atlier**
프랑스에서 처음 생긴 아틀리에는 근대적 건축교육이 시작된 곳이다.
중세 길드의 작업장을 모델로 해서 만든 설계교육의 도제훈련장이라고 할 수 있다.

나 설계 동아리가 많다. 이들은 대개 학교 밖에 장소를 구해서 공동 설계 작업실로 활용하고 같이 공모전에 참여하기도 한다. 아틀리에는 선배들이 후배들의 작업을 지도하거나 공동 작업을 하는 일종의 외부 서클과 같이 운영된다. 심지어 지도 교수가 있는 곳도 있다.

사실 아틀리에는 프랑스에서 처음 생긴 것으로, 근대적 건축교육이 시작된 곳이다. 도제훈련이 이루어지던 중세 길드의 작업장을 모델로 한 설계교육의 도제훈련장이라고 할 수 있다. 학생들은 아틀리에에서 설계 작업을 하고 교수가 가끔 와서 비평을 하며 지도하는 방식인데 아틀리에 내에서 후배들은 선배의 작업을 도와주며 배운다. 이러한 아틀리에가 대학교 체제 안으로 들어오면서 생긴 것이 설계 스튜디오다. 대학의 설계 스튜디오가 바로 아틀리에인 셈이다. 그래서 대학 내의 설계 스튜디오교육이 제대로 이루어지면 아틀리에나 설계 동아리 같은 외부 서클이 있을 이유가 없다.

　　대학의 건축학과에서 설계 동아리나 아틀리에가 운영된다는 것은 학교의 설계 스튜디오 교육이 제대로 이루어지지 않는다는 말이다. 4년제로 공학기술 위주의 건축교육이 이루어지던 때, 디자인을 더 배우기 위해 학생들이 자발적으로 아틀리에를 만들어 운영했던 것은 그나마 이해가 된다. 학교에 설계 스튜디오 교육 자체가 없거나, 있어도 아주 미약했기 때문이다. 그런데 건축교육을 5년제로 바꾸어 스튜디오 중심의 설계교육을 한다고 하면서도 학생들의 아틀리에와 설계 동아리가 여전히 운영되는 학교들이 있다. 심지어 이러한 활동을 자랑스럽게 생각하는 학생과 교수들도 있다. 이건 어찌되었던 학교의 설계교육이 여전히 부실하다는 증거이며 학생 입장에서 보면 명백한 이중투자다.

## 건축교육과 실무의 관계

모든 전문직의 실무 자격은 정해진 전문교육과정을 마친 사람에게만 제한적으로 주어진다(물론 교육을 마친 후 실무훈련도 이수해야 하는 경우가 대부분이다). 예를 들면 의사나 변호사가 되기 위해서는 메디컬 스쿨이나 로스쿨을 나와야만 한다. 건축도 마찬가지다. 국제 기준상 건축학교에서 건축전문교육을 받아야만 건축사 자격시험을 치고 자격을 취득할 수 있다. 미국에서는 졸업 후 일정기간 실무훈련을 쌓고 시험을 통과해야 자격을 취득하지만, 유럽에서는 건축학교를 졸업하면 바로 국가 자격증을 주기도 한다. 그러나 한국에서는 최근까지 건축교육과 건축사 자격증 사이에 아무런 관계가 없었다. 일정한 실무 경력과 자격시험만 통과하면 자격증이 수여되었다. 이것은 한국에 건축전문교육이 존재하지 않으며, 건축사는 전문교육을 받은 전문직이라는 개념이 없었음을 의미한다.

건축전문교육이 없는 건축사 자격 제도는 전문지식과 공공성에 근거한 것이 아니라 설계(인허가)업의 시장 독과점을 위한 보호장치에 불과하다. 최근 건축사 시험의 합격자 수를 늘리라는 정부와 사회의 압력이 높다. 우리나라의 인구당 건축사 수가 외국에 비해 적은 것을 생각하면 늘리는 것이 맞다. 그러나 지금과 같은 상태에서 단순히 건축사 시험의 합격자 숫자를 늘리는 것은 아무런 사회적 의미가 없다. 건축의 전문성을 담보하고 실무 수준을 높이기 위한 건축사교육 제도를 바로 세우는 것이 우선되어야 한다.

이를 위해 학교에서의 건축교육은 단순한 실무교육이 아니라는 점을 간과해서는 안 된다. 단순한 실무교육은 현재 실무에 활용되는 기능적 지식을 가르칠 뿐 지식의 변화와 발전을 담보하지 못한다. 이렇게 된다면 건축교육은 단순히 기능을 전수하는 학원교육의 수준에 머물고 말 것이고 대학(원) 수준의 교육도 필요 없을 것이다. 건축교육은 당대에 사용되는 실무적 지식뿐 아니라 미래의 새로운 지식과 이론을 창조함으로써 새로운 실무 영역을 창조하고 준비해야 한다. 이것은 건축이 단순히 실무가 아니라 학문(이론)적 성격을 갖는 중요한 배경이다. 실무와 이론의 상호관계는 건축이라는 전문직 영역의 버팀목이다.

건축교육에서 학문과 실무의 상호보완적 관계는 최근 건축교육 개편 과정에서 벌어지는 전임 교수 임용방식에 대한 반성을 요구한다. 그간 설계교육이 부실했던 것을 보상이라도 하듯이 실무 건축가들을 학교의 전임 교수로 대거 채용하고 있는데, 이는 장기적으로 볼 때 실무 건축가 본인이나 건축학교육의 발전에 큰 부담으로 작용할 가능성이 많다.

미국 건축학교의 정년 보장 교수는 대개 건축을 교육 배경으로 하지만 역사이론과 같은 학문적 배경을 가진 사람이 많다. 설계만 가르치는 실무 건축가들 중 전임 교수는 소수이고, 다수의 설계 담당 교수는 대부분 자신의 사무실을 운영하면서 강사나 계약직 교수로 임용하는 것이 보통이다. 실무와 결합된 학문으로서 건축의 성격을 고려하면 이것은 매우 합리적이다. 학문과 실무의 상호 영향을 통한 건축의 발전을 위해서도 바람직하다.

# 한국건축학의
# 실증주의

한국의 건축학은 인문적 가치와 이론보다는 유사 과학적 방법론에 의지하는 실증주의적 학풍이 지배한다. 이러한 경향은 대개 설문조사나 통계 분석과 같이 계량적이며 기술적인 방법에 의존하는 모습에서 찾아볼 수 있다. 한국의 건축학이 인문학적 토론보다 실증 과학적 방식에 의존하는 이유는 명백하다. 디자인 디서플린이 모호한 상황에서 건축의 진리 주장을 하는 데는 숫자와 통계를 사용한 객관적 자료에 의지하는 것이 편리하기 때문이다.

　서양에서 유사 과학적 방법론에 의존하는 건축이론은 근대 이후 전통건축 규범이 붕괴되고 사회적 문제가 건축의 중심 주제로 떠오르면서 시작되었다. 사회학, 심리학, 인류학, 행동과학과 같은 인간의 행태를 연구하는 근대적 유사 과학이 발전하면서 사회문화적 요소를 건축에 적용하는 방편으로 사회과학적 방법을 적용하며 등장한 것이

1960년대 이후 발전한 소위 계획학이다.

그러나 이러한 경향은 곧바로 현상학과 형식주의에 의해서 근본적인 비판을 받았다. 현상학은 실증주의적 학문이 인간과 환경 사이에 객관화된 거리를 둠으로써 생활 세계를 가렸다고 비판했다. 또 1960년대 형식주의는 사회문화적 요소보다 건축의 순수한 형식적 문제에 다시 집중하기 시작했다. 한동안 유행하던 계획학은 이후 건축학의 주류로 편입되지 못했다. 서양에서 사회문화적 요소에 의존한 계획학이 건축학의 주류로 발전하지 못한 이유는 간단하다. 건축은 궁극적으로 디자인으로 귀결되는데 소위 계획학의 발전으로 얻어진 사회과학적 지식은 건축의 디자인 디서플린으로 통합되지 못했기 때문이다(최근에는 형식주의에 대한 비판으로 사회문화적 요소를 디자인 디서플린으로 통합하는 디자인 이론이 다시 현대건축의 중요한 이슈로 등장했다).

한국의 상황은 좀 다르다. 한국은 디자인 디서플린이 약하기 때문에 건축학이 계획학에 지배되기 쉽다. 그러나 앞에서 말했듯이 실증주의적 계획학은 궁극적으로 건축의 디자인 디서플린으로 통합되지 못한다. 그래서 계획학이 지배하는 한 한국에는 엄밀히 말하면 건축과 관련된 인접 학문이 있을 뿐, 진정한 의미의 건축학은 없다고 할 수도 있다.

건축은 원래 실무에서 학문으로 발전되었기 때문에 학문과 실무는 밀접한 관계를 갖는다. 하지만 한국의 실증주의적 건축학은 디자인 실무로 통합되지 않는 학문을 위한 학문이다. 결과적으로 디자인 실무는 이론적 토대 없이 기능에 종속되고, 학문은 실무와 유리된 채 실증주의에 빠져 있다. 한국의 건축학이 실증주의에 매몰되어 있는 한 실무에 적용될 수 있는, 디자인에 관한 학문으로서의 건축이론이 생산되기를 기대하기는 어렵다. 건축학은 점점 더 파편화되고 이론과 실무의 간격은 더 멀어질 수밖에 없다.

## 계획과 설계의 혼동

한국건축학의 실증주의적 경향을 가장 잘 보여주는 사례는 계획과 설계의 혼용이다. 우리나라에서는 계획과 설계를 거의 동의어처럼 사용한다. 건축의 전공 분야를 말할 때도 설계보다는 계획 설계라는 합성어를 더 선호한다. 암암리에 계획과 설계가 하나임을 주장하는 것이다. 이러한 경향은 하나의 관습을 넘어 제도화되어 있다. 건축의 전공을 나눌때도 건축공학과 건축계획으로 구분하는 것이 일반적이고, 건축설계는 계획의 한 분야로 취급된다. 우리나라의 대표적인 건축 학술지인 『건축학회 논문집』도 공학계와 계획계로 분류되어 있고 계획계 밑에 계획 설계, 역사, 의장 등의 분야가 있다.

정말 계획과 설계는 같은 것인가? 그렇지 않다. 계획은 건축설계를 할 때 필요한 스페이스 프로그램이나 공간 기준 등에 관한 자료를 정리하는 학문이다. 이러한 자료는 설계할 때 참고하는 데이터나 지침이고 설계는 이것을 재료로 건축 공간으로 구성(조직)하고 형태를 만드는 작업이다. 설계할 때는 계획적 자료 외에 다른 많은 조건과 제약을 고려해야 한다. 무엇보다도 디자인의 규범과 원리가 필요하고 공간 구성(조직)에 관한 아이디어가 중요하게 작용한다. 이것이 똑같은 자료와 데이터를 가지고 설계를 하더라도 똑같은 설계안이 나올 수 없는 이유다.

계획적 자료, 즉 프로그램과 데이터가 건축설계에 중요한 요소로 부각된 것은 근대 이후다. 그전에는 건축의 프로그램이 비교적 단순했기 때문에 계획적 자료는 건축설계에 큰 의미가 없었다. 그저 교회나 궁궐 같은 몇 가지 건축 유형이면 충분했다. 그러나 근대 이후 복잡한 공간적 프로그램을 갖는 새로운 건축물이 많이 등장하면서 전통적 건축 유형과 디자인 규범으로는 모두 소화하기 어렵게 되었고 이때부터 건축설계에서 프로그램이 중요해졌다.

20세기 초 근대 기능주의자 일부는 계획적 데이터의 과학적 조합이 건축설계를 대체할 수 있다고 믿었다. 근대건축은 전통적 양식 규범을 부정하면서 등장했기 때문에 전통적 디자인 규범을 대체할 새로운 건축설계의 원리가 필요했고, 기능주의는 건축설계를 계획적 데이터의 조합에 의한 객관적 과정으로 환원시키려고 했다. 그러나 건축이 데이터의 객관적 조합으로 결정되지 않는다는 것은 금세 명백해졌다. 건축설계는 프로그램에 공간과 형태와 스케일을 부여하는 것이기 때문이다. 실증적 데이터를 건축적 형식으로 구성하는 것은 설계의 영역이자 건축가의 능력인 것이다.

현대건축에서 공유된 디자인 규범이나 원리가 약화된 것은 사실이다. 또 설계 과정에서 프로그램과 공간적 요구에 대한 자료 조사와 연구가 더 중요해진 것도 부인할 수 없다. 하지만 데이터와 프로그램이 자동적으로 건축을 만들지는 못한다. 프로그램은 건축을 설계하기 위한 재료에 불과하며 건축의 구성으로 해석해내지 못하면 아무런 의미가 없다. 프로그램의 중요성이 부각된 이후에도 설계의 본령은 어디까지나 디자인의 규범과 공간 구성(조직)의 원리에 있다.

우리나라에서 계획이 설계를 대체하게 된 데는 역사적 배경이 있다. 근대건축이 도입될 때 건축 디자인에 관한 규범과 이론이 없는 상태에서 기능주의 건축론이 들어왔고, 디자인 원리와 규범의 공백을 실증주의적 계획이 자연스럽게 대신한 것이다. 공유된 가치와 규범적 이론이 없는 사회에서는 무엇이든 계량적 지표와 통계에 의존해야 객관적이고 과학적인 것처럼 인정된다. 그래서 규범적 이론과 문화적 가치보다는 통계와 기능적 지표를 내세우는 계량적 학문이 우위를 점할 수밖에 없다. 이것은 건축뿐 아니라 모든 실용학문이 마찬가지다.

계획이 곧 설계라는 말은 설계의 디서플린이 결핍되어 있거나 빈약하다는 것을 의미한다. 계획과 설계를 동일시하는 관습은 문화적 의미와 예술적 창의성이 결핍된 메마른 건축물을 만들 수밖에 없게 하고, 건축을 다른 유사 과학에 종속시킨다. 건축 심의나 토론회에서 실증적 계획의 힘이 설계의 논리보다 더 크게 작용하여 과도한 계획적 고려가 지배하는, 무미건조한 건축물을 만들어내는 경우를 우리는 심심찮게 본다.

계획이 설계를 좌지우지하고 이론은 설계와 무관한 장식물처럼 간주되는 한, 단편적인 계획적 자료가 설계 전체를 흔들어대는 풍토가 계속되는 한, 우리 건축의 문화적 수준을 높이는 일은 요원해 보인다. 역사적으로 어쩔 수 없었던 측면은 있다. 그러나 건축이 문화로서의 위상을 갖기 위해서는, 디자인 문화가 제대로 정착되고 건축이 사회적 역할을 다하기 위해서는, 무엇보다도 계획이 곧 설계라는 잘못된 인식과 제도를 벗어나지 않으면 안 된다.

## 이론과 역사학의 실증주의 경향

한국에서는 건축이론과 역사 연구도 실증주의가 지배한다. 건축이론은 디자인의 원리와 가치에 대한 주장, 또는 이에 관한 해석이나 비평이다. 그러나 한국의 건축이론은 자신의 관점과 해석이 들어가지 않은 외국 건축가나 이론가의 작업에 대한 설명과 주석이 주를 이룬다. 이러한 류의 연구는 기존 이론이나 작품을 분석하고 비교 분류하는 데 집중한다. 주관적 관점에서 이론화를 시도하면 아무리 논리적이어도 논문으로 보기 어렵다는 지적을 받는다. 한국에서 논문을 심사 받을 때 가장 많이 듣는 지적은 도표를 만들라는 것이다. 한국 건축학계에서 도표는 논문의 주관성을 배제하고 객관성을 담보하는 징표로 통한다. 그래서 건축이론에서조차 도표 없는 논문이 별로 없다.

논문이란 모름지기 자신의 관점과 주장이 있어야 한다. 자연과학은 실험과 객관적 자료를 통해 자신의 주장을 뒷받침하지만, 인문학은 개념과 논리를 통해서 자신의 주장을 편다. 건축은 문화이고 이론이고 철학의 생산물인데, 우리나라에서는 객관적이고 과학적인 연구 대상처럼 접근한다. 내적 논리와 의미보다는 표면적 현상과 기술적 원리를 다룬다. 말하자면 한국에서 건축은 인문학적 연구 대상이 아니라 유사 과학적 분석 대상이다. 하지만 이런 분석은 건축을 바라보는 새로운 인식의 지평을 열거나 새로운 디자인을 창조하는 데는 별로 도움이 되지 않는다. 그냥 분석해보니 이렇다는 것이다. 자신의 비평적 관점은 별로 눈에 띄지 않는다. 서양 학자들이 늘 하는 말이 있다. So what?

한국에서는 건축역사학도 실증주의에 빠져 있다. 실증적 조사와 분석을 통해 객관화된 사실을 진술하는 게 아니면 학술적 논문이 아니라고 한다. 통상 역사에 접근하는 학문적 태도에는 두 가지가 있다. 하나는 부분적 사실에 초점을 맞춰 설명하는 태도인데, 이는 전체를 이해할 수 있는 이론적 관점을 제시하지 못한다. 다른 하나는 전체적 조망을 가지고 부분의 가치를 해석하고 의미를 부여하는 것이다. 역사 연구를 위해서는 사실과 가치 해석이 얽혀야 하기에, 두 가지 접근방식이 모두 필요하다. 하지만 더 중요한 것은 후자다. 역사는 객관적 사실의 나열이 아니라 해석이기 때문이다. 애드워드 핼럿 카 Edward Hallett Carr는 사료 스스로 역사를 구성하지는 않는다고 말했다.

서양건축의 역사는 근본적으로 이론과 해석의 역사다. 그러나 한국의 건축역사학은 역사를 이해하는 이론적 관점 제시나 의미 해석보다는 실측 조사나 고증을 통한 개별적이고 지엽적인 사실 설명에 집중하는 실증 과학이 되어버렸다. 건축역사 연구에서 이론과 관점의 부재는 실상 '건축의 부재'와 밀접히 관련되어 있다. 자연과학도 하나의 이론적 가설 없이 위대한 발견이 이루어진 적은 별로 없다. 하물며 문화적 생산물인 건축에 대한 연구는 더욱 그렇다. 건축역사학의 실증주의 경향은 통찰력 있는 분석과 비평으로 건축을 이해하여 지식의 새로운 지평을 열기보다는 단편적인 사실에 대한 정보를 생산하는 데 그친다.

건축역사학계에선 건축학교육을 5년제로 개편하면서 건축역사학이 쇠퇴했다고 걱정한다. 역사학이 이젠 건축학교육인증을 받기 위해 두세 과목 끼워 넣는 정도의 들러리에 불과해졌고, 역사를 전공하겠다는 학생도 없어졌다고 한탄한다. 우리나라에서 건축학교육이 제대로 되려면 역사이론이 활성화되어야 한다. 건축은 인문예술학이기 때문이다. 서양의 건축교육은 크게 설계, 기술, 역사이론 영역으로 구분된다. 건축이 단순한 기능 교육이 아닌 이상, 역사이론은 필수다. 역사와 이론 없이 건축은 존재하지 않는다고도 말할 수 있다.

최근 미국의 유명 건축대학원(대학) 원장(학장)으로 임명된 사람이 모두 저명한 역사이론가라는 사실에 주목할 필요가 있다. 컬럼비아 대학교의 마크 위글리Mark Wigley, 펜실베이니아 대학교의 데틀레프 머틴스Detlef Mertins, 쿠퍼 유니온 대학교의 앤서니 비들러Anthony Vidler, 라이스 대학교의 사라 와이팅Sarah Whiting 등은 신구 세대를 아우르는 당대의 대표적인 건축이론가들이다. 건축학교육 개편을 한탄할 게 아니라 무엇을 해야할지 모르는 완고한 우리 건축역사계의 반성이 필요한 때다.

## 한국의 인문학적 건축

소수이긴 하지만 건축이 인문학이라고 주장하는 인문주의자 건축가들도 있다. 최근에는 인문적 성찰이라는 부제를 단 건축 책도 많이 나온다. 이들은 나름대로 인문학적 관점에서 건축의 개념과 원리를 제시하고 설계에 적용하거나 이를 동원하여 자신의 작품을 설명한다. 하지만 이러한 주장은 건축에 대한 개인적인 사유일 뿐 사회적으로 소통되는 가치나 의미체계는 아니다.

서양건축의 인문학적 원리는 개인적인 것이 아니라 오랜 역사를 통해 형성된 사회적이고 규범적인 것이다. 서양 현대건축에서 보이는 개인주의적 경향은 이러한 역사적 배경에서 나타난, 혹은 이러한 전통에 대한 반발로 등장한 역사적 상황으로 이해되어야 한다. 그러나 한국의 인문주의자 건축가들이 건축에 내리는 해석은 건축 규범의 사회적 기반과 문화적 토대가 없는 상태에서 나온 개인적인 것으로, 공동체적 가치는 없는 것이다. 이런 점에서 한국건축의 인문학주의는 좀 과장해서 말하면 개인적 단상에 불과하다.

이러한 태도가 잘못된 것은 아니지만, 마치 그것이 뿌리 깊은 전통에 근거한 본질적인 것처럼 주장함으로써 건축의 현실을 오도할 수 있다는 점에서 주의할 필요가 있다. 건축은 사회적 소통을 위한 규범체계이므로 건축의 인문학적 이론은 공통의 지적 토대를 바탕으로 해야 한다. 그렇지 않으면 건축에 관한 사회적, 학문적 소통은 불가능하다. 그래서 콜린 로Colin Rowe가 말한 것처럼 건축에는 일종의 학파(School 또는 Academy)가 필요하다.

한국의 건축학을 지배하는 실증주의 학풍은 어쩌면 이러한 소통의 어려움에 대한 두려움과 공허함에서 나온 자기 방어 기제라고 볼 수도 있다. 그러나 말하기 어렵다고 말을 안 하고 살 수는 없지 않은가? 건축가는 자신의 주관적 고안을 무턱대고 진리라고 강변하기보다는 공동체적 규범화를 위한 소통의 과정에 참여해야 한다. 인내심을 갖고 정제된, 소통 가능한 말을 하기 위해 노력할 때다. 하지만 한국건축계는 이러한 소통의 문화를 가지고 있지 않다. 한국건축계에는 자발적으로 모여 공부하고 비판하고 토론하는 문화가 없다. 소통보다는 무관심과 냉소, 상호 배제의 정치학이 한국건축계를 지배하는 문화다.

일부 건축가와 학자들은 한국 전통건축을 인문학적 관점에서 해석하고, 이를 디자인의 원리로 활용한다. 김수근의 제3공간과 4·3 그룹 (1990년대 초 30~40대 건축가들이 자발적으로 결성한 모임)의 건축가들이 화두로 삼았던 전통에 대한 해석, 즉 없음, 비움, 마당과 같은 개념이 바로 그러한 예이다.

또 김봉렬 교수의 저서 『한국건축의 재발견』시리즈는 전통건축의 숨은 디자인 원리를 현재적 관점에서 해석하려는 시도로 극찬을 받은 역작이다. 김봉렬은 이 책에서 중요한 전통건축에 숨어있는 원리들을 당시 집을 지을 당시 참여했던 사대부나 장인이 마치 현재 건축가의 입장에 있었던 것처럼 재구성한다. 그의 문장은 당시 집을 지을 때의 상황이 실제 그랬던 것처럼 독자를 빠져들게 한다. 그의 분석에는 통찰력 있는 발견이 많다. 그러나 해결되어야 할 문제도 있다.

예를 들면 한국 전통건축을 낭만주의와 고전주의에 대비되는 예술적 경향으로 설명하는 것은 실제 전통건축에 내재하는 개념과 원리라기보다는 서구적 예술 원리와 경향의 단순한 적용이다. 한국에 서구적 의미의 건축과 예술의 전통이 없었는데 한국 전통건축에 고전주의와 낭만주의를 하나의 보편적 개념과 원리로 적용하는 것은 아무래도 좀 어색하다. 또 한국 전통건축에서 개체는 건물이고 집합이 건축이라는 정의도 수긍은 가지만, 단정하기에는 무리라는 생각이 든다. 왜냐하면 한국에서는 건물의 집합에 관한 지식이 하나의 이론과 규범으로 체계화되어 건축이란 학문으로 발전한 역사가 없기 때문이다. 건축이 하나의 학문적 영역이 아니었으므로 이황, 이언적, 송시열과 같은 조선시대 성리학자들을 아마추어 건축가라고 보기도 어렵다. 집 짓는 기술과 이론이 없었던 것은 아니지만 그것이 이론화된 건축으로 발전되지 않았다는 말이다. 김봉렬 교수의 책은 말하자면 건축과 인문학의 만남일 뿐 인문학으로서의 건축을 말하는 것은 아니다. 건축의 형식과 구성 원리에 관한 이론으로서 건축의 인문학은 아직 정립되지 않았다.

오늘날 한국의 건축가와 학자 들에 의해 건축의 인문학적 주장이 활발하게 전개되는 데는 그간 한국건축의 인문학적 체계가 빈약했다는 역설적 상황이 자리한다. 말하자면, 인문학으로서 건축의 전통이 없다가 갑자기 건축의 인문학적 원리를 말하려니 자유로운 해석이 가능해진 것이다. 그러나 그것은 자유롭기만 할 뿐 공동체적 근거는 약한, 개인적인 것이다. 건축의 원리에 관한 개인적인 성찰과 발견을 어떻게 사회적 규범으로 정립할 것인가가 우리의 숙제다. 건축에서 진정한 한국학파의 등장이 요청되는 이유다.

어쩌면 현대건축에서 공유된 규범으로서의 인문학적 건축이론을 만든다는 것은 원천적으로 불가능한 일인지 모른다. 많은 학자가 현대건축은 중심이 없고 모든 것이 상대화된 탈역사의 시대에 돌입했다고 말한다. 그래서 2차 대전 이후 건축이론은 과거와 같이 건축 실무와 밀월 관계에 있는 것이 아니라 상호 비판과 견제의 관계로 변화했다고 지적한다. 그렇다면 대안은 없을까?

만약 건축이론이 지금까지의 관습처럼 관념적이고 추상적인 개념과 원리에 의존하는 대신 좀 더 객관적이고 물질적인 과정에 기댈 수 있다면 한국건축에서 이론과 실무의 관계를 회복할 수 있는 대안을 찾는 것도 가능해 보인다. 환경과의 관계에서 생태미학, 작동성, 재료와 기술과 같은 자연의 물질적 과정을 중시하는 경향은 이런 점에서 건축의 미학적 차원이 기댈 수 있는 중요한 근거다. 이것을 기반으로 하여 서양과 같은 과도한 미학적 재현의 덩어리가 아니라 약간의 미학적 은폐와 중재가 이루어지는 건축의 담론을 발전시키는 것이 가능하지 않을까? 이러한 반형태적, 비재현적 이론으로 서양건축의 규범을 넘어서는 미래건축의 방향을 제시하는 것도 가능하지 않을까?

이를 위해서는 먼저 서양건축의 이론과 철학적 배경에 대한 철저한 공부가 필요하다. 서양건축의 도구적 개념과 언어 프레임을 통하지 않고 현대건축을 말하거나 실천하는 것은 불가능하다. 그 다음 전통과 현대를 포함하는 우리 건축의 디자인 철학과 원리를 찾아내어 현대건축에 적용할 수 있도록 현대건축의 방법으로 코드화하고 이론화하는 일이 필요하다. 이것은 한국건축의 미완의 근대성을 완성해가는 중요한 출발점이 될 수 있다.

한국에 건축은 있다

# 건축은
# 공동체 규범이다

서울을 방문한 외국건축가들은 대체로 깨끗하다, 발전했다, 역동적이다 등으로 서울의 인상을 표현한다. 그러나 개별 건축물에 대해서는 그다지 호의적으로 평가하지 않는다. 전체적으로 건설의 규모와 수준은 인상적인데 뭔가 빠진 듯한 느낌이 든다고 한다. 그 빠진 것은 무엇일까? 나는 이것을 '건축'이라고 단언한다.

지금까지 설명한 대로 건축은 문화적 의미를 갖는 형태와 장식, 공간의 조직이나 구성의 원리 또는 공유된 양식 규범이라고 할 수 있다. 그것은 사회의 공동체적 규범과 가치를 표상하며, 비트루비우스의 말대로 미적인 동시에 윤리적인 것이다. 비트루비우스는 건축의 아름다움은 사회적 효용성을 갖는다는 점을 강조했다. 알베르티는 한 걸음 더 나가서 건축은 "시민들에게 즐거움을 주고, 시민적 자부심을 고취하고, 공동체에 위엄과 영광을 부여하며 경건함을 느낄 수 있게 한다"고 했다. 알

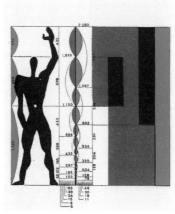

**페로 고전건축의 5 오더와 르코르뷔지에의 모듈러**

서머슨이 지적했듯이 서양건축은 하나의 시각언어로서 문법을 갖고 있었다.
부분과 전체의 시각적 조화가 의미를 갖는 체계로 조절되는 원리는
고전건축부터 르코르뷔지에의 건축까지 모두 동일하다.

베르티가 쓴 『건축론』을 비롯한 르네상스의 건축이론서들은 건축주와
시민을 상대로 쓴 것이었다. 이 책들은 고전건축의 인문학적 원리를 설
명하고 공동체적 의미를 갖는 건축의 규범에 관한 사회적 동의를 형성
하는 수단이었다. 서양에서는 이러한 역사적 과정을 통해 고전건축 규
범에 대한 공동체적 합의가 형성되었다. 이는 매우 강력한 것이어서, 서
양의 도시는 지금도 양식적 통일성과 형태적 일관성을 유지하고 있다.

그렇다면 우리 도시와 건축의 현실은 어떤가? 한국에는 오랜 시간
에 걸쳐 양식화된 목조건축의 전통이 있었다. 다양한 공간적 기능과 프
로그램들은 그 구축적 원형 안에서 약간의 변형과 집합을 통해 모두 수

용되었다. 그래서 서양건축과 같은 시각적 형식의 규범화 없이도 건축 양식과 시각적 환경의 일관성이 유지되었다. 그러나 근대 이후 한국건 축은 재료와 구조, 형태와 장식에서 다양한 양식이 난립하게 되었고 시 각적 환경의 일관성도 상실했다. 문자 그대로 탈역사적 상황에 있는 것 이다. 서구의 도시를 채우고 있는 건축물이 오랜 시간에 걸쳐 형성돼오 며 의미 있는 문화적 오브제로 기능하는 것과 반대다. 한국의 도시와 건축을 규제하는 것은 건축의 공유된 가치와 양식적 규범이 아니라 법 규와 행정 절차다. 한국건축에서 통용되는 공유된 가치 기준을 찾으라 고 하면 면적당 가격 외엔 딱히 내세울 게 없다.

**유럽 브뤼셀의 도시 전경**
서구의 도시는 일관성 있는 건축 양식을 보여 도시경관에 시각적 통일성이 있다.
건축이 문화적 오브제로 기능하는 것이다.

**한국의 도시 전경**
한국의 건축 양식은 일관성이 없다.
다양한 양식이 난립하여 어수선한 모습이다.

### 집에 관한 새로운 담론

최근 집에 대한 담론이 활발하다. 그동안 평당 얼마짜리 상품으로서 아파트에 내주었던 집의 본래적 의미를 되새겨보려는 사회적 관심이 많다. 획일화된 아파트를 탈피하여 개인의 행복을 담는 집을 짓고 싶어 하는 사람들의 욕구도 높아졌다. 여러 가지 사연을 가진 집 짓는 이야기들이 매스컴에도 심심치 않게 소개된다. 이건 지극히 자연스럽고 바

**멜버른의 도시 전경**
각 건축물은 개성이 넘치지만 전체적으로 조화를 이루어 질서가 있다.
이처럼 건축의 공동체 규범은 획일화를 의미하지 않는다.

람직한 현상이다. 이러한 집은 개인의 취향과 개인적 삶의 이야기를 담
는다. 그러나 건축의 궁극적 가치는 개인적 삶을 넘는 공동체적 질서에
있다. 더 정확히 말하면, 기 디보Guy Debord가 정의했듯이 건축의 문제는
내부의 삶도 외관도 아닌, 내부와 외부의 변증법적(도시적 차원에서는 가
로(街路)와 건축, 건축의 차원에서는 안과 밖의) 관계에 있다.[*]

  문제는 근대 이후 새로운 건축의 문화적 토대를 마련하지 못한 우
리 건축이 어떻게 개인만의 차별화된 건축을 넘어 공동체적 질서와 조
화를 만들어낼 것인가이다. 공유된 규범이 있다는 것은 획일성이 아니
라 보편성 안에서의 개성과 차이를 말한다. 최근의 집에 관한 담론은

---

[*] Anthony Vidler, *Architecture between Spectacle and Use*, Sterling and Francine Clark Art Institute,
  2008에서 재인용.

집의 내부를 넘어 외부가 형성하게 될 공동체적 환경의 전망에 대해서는 침묵한다.

## 한국 근대성의 특징

근대 한국사회의 특성에 대한 사회학적 논쟁이 많지만 필자가 생각하기에 한국 근대사회의 가장 중요한 특징은 사회를 구성하는 여러 수준(경제, 정치, 사회, 과학기술, 문화예술 등의 영역)이 개별적으로 도입되면서 다양한 영역과 학문들 사이에 단절이 생긴 것이라고 할 수 있다. 한국사회의 근대화는 내발적이고 주체적인 과정이 아니었기 때문에 전통적 삶을 지탱해주던 사상과 제도, 문화적 규범이 붕괴되면서 그것을 대체할 새로운 패러다임이 체계적으로 발전하지 못했다. 그러한 상황에서 서구의 근대적 제도와 문화가 파편적이고 피상적으로 도입된 것이다.

예컨대 사회정치적으로 서구사회를 모델로 한 제도적 민주주의와 개인주의가 급속히 확산되었지만 그 바탕에 있는 부르주아 윤리와 공공영역의 규범은 형성되지 못했다. 산업화를 위해 근대 과학기술을 배우고 발전시키는 것이 국가의 지상 목표였기 때문에 기술적·경제적 합리성이 사회의 작동 원리로 도입되었고, 서구의 문화예술은 개별 영역별로 자율적 논리에 따라 각각 도입되었다. 이에 따라 각 영역은 경계가 단절되고 학문적 소통과 교류 없이 발전하였다.

서구 근대 문명의 배후는 개별 영역과 전체, 개인과 국가적 시스템 사이에서 작동하는 사회적 질서와 문화적 규범, 가치, 윤리, 제도이다. 그러나 우리의 경우 각각 개별적 수준에서 근대화를 이루면서 개별 영역의 의미는 축소 또는 왜곡되고, 전체는 소통하지 못하며, 가치는 혼란과 분열의 상태에 빠져버린 것이다. 사회의 각 수준을 연결하고 영역별 소통을 가능하게 하는 것은 바로 공동적 규범과 가치다. 이것은 곧 윤리와 미학의 문제로 연결된다. 말하자면 한국사회는 근대화의 과정에서 전통사회가 갖고 있던 공동의 규범을 상실하고 그것을 대체할 새로운 가치를 만들어내지 못한 채, 공동체 규범의 공동화 상태(근대적 공공영역의 기반 없이 가치체계의 위기와 지속적 분열의 상태)에 있게 된 것이다.

최근 하버드 대학교의 마이클 샌델Michael Sandel 교수가 쓴 『정의란 무엇인가』가 한국에서 신드롬을 일으켰다. 미국에서는 10만 부 팔린 책인데 한국에서 130만 부가 팔렸다고 한다. 그의 공개 강연회에는 약 만오천 명의 청중이 모여들었을 정도다. 그가 한국인이었으면 당장 대통령 후보가 될 수도 있는 정도의 대중적 인기다. 그의 책이 인기를 끈 이유는 간단하다. 우리는 사회적 정의와 같은 가치의 문제를 공론의 장에서 심각하게 철학적으로 토론하고 합의해본 경험이 없다. 그런데 샌델 교수는 일상생활에서 부딪치는 사건들을 통해 공동체적 가치의 철학적, 윤리적 근거를 논함으로써 급속한 근대화 과정에서 우리가 미처 깊이 성찰해보지 못했던 가치에 대한 근원적 질문과 그 해답을 던진다. 샌델 교수의 책이 한국인의 흥미를 끈 데는 충분한 이유가 있다.

## 공동체 규범의 부재와 '닥치고' 건설

한국사회의 공동체적 가치와 윤리의 부재는 우리가 일상에서 경험하는 도시와 건축의 모습에서 아주 잘 드러난다. 압축적 근대화 과정에서 한국의 도시와 건축을 지배한 논리는 한마디로 경제적 기능주의였다. 도시는 경제 발전을 위한 사회적 재화이고 이윤 추구를 위한 수단이었다. 도시 개발은 경제 개발이요, 건축은 자본 축적과 이윤 추구의 수단이며, 교환 가치를 갖는 상품이었다. 공동체를 위한 삶의 질이나 문화적 의미, 환경과 역사의 지속성 같은 가치는 경제성과 자본의 논리 앞에 애당초 설 자리가 없었다.

경제 논리와 기능주의적 엔지니어링이 지배하는 도시에는 문화로서의 건축이 뿌리내릴 수 없다. 서양에서는 자본주의적 도시가 발전하는 과정에서도 문화로서의 건축이 지닌 전통과 가치를 유지하려는 노력이 지속되었다. 역사가 오래된 유럽의 도시에는 대개 건축에 관한 엄격한 규제가 있다. 이는 자본주의적 도시의 논리와 문화로서의 건축 전통이 타협을 이룬 결과라고 할 수 있다. 개별 건축에 대한 엄격한 규제를 통해 오랜 세월 쌓여온 도시의 문화적 가치를 지키는 것이다. 반면 우리나라는 도시화 과정에서 국토를 난개발했다. 이는 건축에 관한 공동체적 규범이 없는 상태에서 벌어진 '닥치고' 건설의 결과다. 근대화 과정에서 건설의 광풍은 문화로서의 건축이 뿌리내리고 자라날 토양 자체를 허공으로 날려버렸다.

건축물은 개인적 창조물이지만 건축물이 모여 공공적 환경을 형성하기 때문에 그 자체에 윤리성을 내포한다. 한국 현대건축에 공유된 규범이 없다는 것은 곧 공동체적 윤리의 결핍을 의미한다. 그래서 한국의 도시를 보면 개별 건축은 튀지만 전체는 조화를 이루지 못한다. 공유된 건축 규범의 부재가 전체 환경을 어수선하고 조화롭지 못하게 만드는 것이다.

　도시문화는 공동체 가치를 바탕으로 소통된다. 프랑스의 대통령으로 파리의 많은 공공건축 프로젝트를 실현한 프랑수아 미테랑François Mitterran은 이렇게 말했다. "사람들은 의사소통을 하지 않고 있습니다. 그러므로 공유의 언어를 만들어야 합니다. 이를 위해서는 건축과 도시계획이 협력해야 합니다. 즉 도시문화를 형성해야 합니다. 이 점이 해결되었을 때 우리는 문화를 발전시켜 나갈 수 있습니다."

## 한국의 도시 개발에는 철학이 없다

도시 환경은 한 나라의 문화적 생산물이다. 여기에는 그 사회의 공동체적 가치 즉 어떠한 환경을 만들고자 하는가에 대한 이상과 철학이 반영된다. 이렇게 보면 현대 한국의 도시 환경 문제 또한 공동체 철학의 부재에서 그 원인을 찾을 수 있다. 한국의 도시 개발은 지금까지 특정 철학에 근거한 체계적인 아이디어가 아니라 경제 논리와 엔지니어링적 기능주의, 그리고 임기응변식 대응으로 점철되어 왔다.

　그린벨트를 예로 들어보자. 원래 그린벨트는 영국에서 급격한 도시화로 발생하는 문제를 해결하기 위해 자족적 전원도시 아이디어와 함께 수립된 정책이었다. 또 미국의 도시운동과 공원운동은 인간에 의한 자연의 착취는 결국 인간의 파괴로 귀결될 것이라는 반성에서 나온 것이다. 이들은 헨리 데이비드 소로Henry David Thoreau와 조지 퍼킨스 마쉬George Perkins Marsh의 자연주의 철학과 보존주의의 영향을 받았다. 하지만 서울의 그린벨트는 단순히 최고 권력자의 의지에 의해 실현된 것이다.*

---

* 손정목, 「한국의 도시계획 이야기」, 한울, 2003.

또 한국의 신도시는 도시 개발의 철학이나 이론적 입장이 정리되지 않은 채 정치 논리와 경제적 원리에 의해 수립되고 실행되었다. 준농림지 개발도 마찬가지다. 국토 개발이 가져올 사회환경적 결과와 문화적 의미에 대한 치밀한 연구 없이 준농림지 개발이 허용되었고, 이는 돌이키기 어려운 난개발을 낳고 말았다. 유럽과 미국에서는 근대 도시화 과정에서 발생한 인구 집중과 환경 문제, 부동산 자본의 투기에서 벗어나기 위한 노력의 일환으로 도시와 농촌의 경계를 없애는 도시계획이 꾸준히 제안되어왔다. 그런데 우리나라의 도시 개발에는 도시와 농촌의 관계 설정에 대한 철학이나 비전이 없다. 당장의 문제를 해결하기 위해 기능주의적, 임기응변식 정책이 도입되었을 뿐이다.

도시와 환경에 대한 철학을 정립하지 않고 기술적 대응으로 문제를 해결할 수 있으리라는 생각은 환상에 불과하다. 기능주의가 인간의 삶과 환경문제를 해결하리라는 믿음의 허구성은 이미 역사적으로 입증되었다. 서구의 근대 기능주의도 영혼 없는 기술지상주의를 주장한 것은 아니다. 근대건축운동이 기계화와 산업화의 수용을 외친 이유는 그것을 근대사회의 새로운 공동체적 가치, 즉 시대정신으로 보았기 때문이다. 즉 기계화와 산업화라는 객관적 상황 변화가 주관적 인식의 변화를 가져왔으므로 과거와 같은 고전 규범이나 주관적 감흥이 아닌 과학주의에 바탕을 둔 새로운 공동체적 미학 규범이 따라와야 한다는 것이다. 기계시대의 새로운 공동체적 가치와 규범은 추상적 기계미학이 되어야 한다는 것이다. 근대 기능주의의 실패는 기능주의 미학과 철학의 실패이지 그것이 없었기 때문은 아니다.

**르코르뷔지에의 〈Villa Savoye〉**
르코르뷔지에의 기계미학과 데 스테일(De Stijl)의 신조형주의 언어는
근대의 시대정신을 반영하는 새로운 보편적 미학을 제시한 것이다.


　흔히 현대를 인문학의 시대라고 한다. 이는 과학적 실증주의에 맡겨진 인류의 운명을 더 이상 방치할 수 없다는 근본적 자각에서 나온 것이다. 이제 인류의 미래를 끌고 가기 위해 진정 필요한 것은 인문학이요, 철학이라는 뜻이다. 이런 관점에서 우리 모습을 한번 돌이켜보자. 우리는 도시 개발과 주택 공급, 교통 문제, 주거 환경 개선과 같은 문제를 경제적, 기술적, 계량적으로 해결하려는 엔지니어링적 기능주의로만 접근한 것이 아닌가? 이를 넘어 인간과 삶에 대한 근본적인 질문으로부터

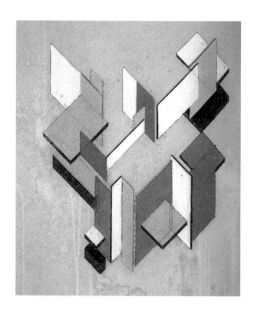

**테오 반 데스브르흐의** 〈Contrat-Construction de la Maison particulière〉
근대건축운동은 근대사회의 새로운 공동체적 가치, 즉 시대정신을 주장한 것이다.
근대의 추상 미학은 이 같은 맥락에서 이해해야 한다.


접근해본 적이 있는가? 아파트를 지으면서 공급의 규모와 경제성을 논
하기에 앞서 공동체적 삶의 형식에 대해 진지하게 고민하고 이에 대한
비전을 가져본 적이 있는가? 산과 강이 공존하는 천혜의 환경에서 우리
는 과연 어떤 모습으로 더불어 살아야 할까를 생각해본 적이 있는가?

# 한국건축에 뿌리내린
# 개인주의

한국건축의 양식적 정체성에 대한 자각이 생긴 것은 1960년대 이후로 볼 수 있다. 60년대 활동을 시작한 한국의 근대건축가들은 말하자면, 갑자기 근대적 재료와 구축술로 공공건축을 통해 국가의 정체성을 표현하는 숙제를 떠안게 된 셈이다. 그러나 공유된 규범이 없는 상태에서 건축은 개인 취향에 의존할 수밖에 없다. 건축가들은 전통건축의 형태 모티브를 추상화하여 한국건축의 정체성을 상징했지만, 어디까지나 개인적 표현주의에 불과할 뿐 사회적으로 소통되는 언어는 아니다. 건축의 문화적 토대와 전통, 공유된 규범이 없는 상황에서 이들이 창조한 형태는 자의적일 수밖에 없다. 김수근과 같은 건축가들은 전통성을 구현하는 방법으로 시각적 상징에서 벗어나 공간 문제에 천착했지만 이 것도 역시 개인적이다.

그래서 한국의 근대 도시 환경에는 아무런 문화적 의미가 없는 건

**위 왼쪽_이희태의 절두산 순교자 성당, 오른쪽_김중업의 프랑스 대사관**
**아래 왼쪽_김수근의 부여 박물관, 오른쪽_김수근의 자유센터**
이들 모두 근대건축과 전통건축의 요소가 결합되어 있다.
근대 한국건축의 시각적 상징을 추구한 대표적 하이브리드 건축이다.

물과 과도한 상징과 개인적 표현주의로 충만한 건축이 공존한다. 일상
에서 목격되는 예식장 건축, 카페 건축과 같은 대중적 상업 건축은 건
축이 지녀야 할 문화적 의미와 기념성이 값싼 상징을 차용하는 것으로
대체된 것이다. 이러한 싸구려 상징 건축과 건축가들의 개인적 표현주
의 건축은 한국건축에 공유된 규범과 상징체계가 없음을 반영하는 것
으로서 동전의 양면과 같다.

**도심에 자리 잡은 예식장 건물**
공유된 규범과 상징체계가 없는 상태에서 건축이 지녀야 할 기념성은
값싼 상징을 차용하는 것으로 대체되었다.

## 한국건축의 유일한 미적 가치

개인주의가 지배하는 상황에서 건축가들이 추구하는 궁극적 가치는 새로움이다. 공동체적 규범이 없는 곳에서 새로움은 실상 '건축'이 추구할 수 있는 유일한 미적 가치다. 즉 남이 안 한, 남과 다른 새로운 형태를 창조하는 것이다. 그래야 주목을 받을 수 있다. 이것이 한국건축가들이 새로운 형태를 만드는 데 집착하는 이유다.

이런 점에서 한국건축에는 닐 리치Neil Leach가 말하는 위장의 미학이 작동한다. 원래 위장은 자연에서 생명체가 은폐를 통해 생존하기 위한 전략이다. 닐 리치는 이 위장의 개념을 순응의 미학과 반대되는, 눈에

**강남의 오피스들**
이제 건축은 패션과 같이 각자의 새로움을 경쟁한다.
건축에까지 스며든 개인주의를 느낄 수 있는 광경이다.

띄는 미학을 포함하는 것으로 확대해서 정의한다. 자본주의 도시에서의
건축은 생존을 위한 전략을 펼친다. 그 방식은 은폐와는 반대로 과도한
디자인을 통해 눈에 띄는 것이다. 이러한 상황에서 이제 건축은 개인
브랜드로 대체된다.

현대건축이 더 이상 미적 규범을 공유하지 않는 상황은 서양도 마
찬가지다. 때문에 서양의 건축에서도 이제 개인주의 경향이 지배적이
다. 그러나 서양은 천 년이 넘는 건축의 전통이 있기 때문에 개인주의
에도 역사적 맥락이 있다. 즉 서양의 현대건축에는 공유된 규범의 상실
과 현대적 삶의 환경이 가져온 소외에 대한 근원적 불안감과 과거에 대

한 노스텔지어가 있다. 말하자면 현대건축에서 개인주의가 등장하게 된 역사적 배경과 이론적 근거가 있는 것이다. 그러나 한국 현대건축의 탈역사성과 방임적 개인주의에는 중심의 상실에 대한 불안이나 고뇌가 없다. 그래서 의미 있는 이론적 논의를 진행하는 것 자체가 어렵다. 그저 현대적인 것, 새로운 것, 최신 유행을 반영하는 참신한 것 등이 기준이 될 수밖에 없는데, 그 근거는 모호하다.

## 개인주의는 건축을 신비화한다

한국건축의 개인주의는 건축을 신비화하는 것으로 나타난다. 건축가들은 가능하면 난해한 어휘와 개념으로 자신의 건축을 설명하려고 애쓴다. 소위 비평가, 이론가 들이 이러한 신비화 작업을 도와주기도 한다. 하지만 그들만의 신비한 언어는 대부분 제대로 이해하기 어려우며 실제 그 영향과 효과에 대해서도 평가할 방법이 없다.

　자의식이 강한 건축가들은 자신의 건축에 대한 비판에 신비화 전략으로 대응한다. 자기 작품의 심오함을, 직접 경험하지 못하면 감히 범접할 수 없는 정신적인 영역으로 미화하고, 이를 객관화하려는 어떤 비평적 시도도 건축의 본질을 왜곡하는 것으로 간주한다. 이러한 불가해성이 그 작품의 가치를 정당화한다. 혹시 문제가 있다면 그것은 사용자와 사회의 문제이지 작품의 문제는 아니라고 생각한다. 그래서 건축가들에게 필요한 것은 자신과 작품에 대한 아우라(Aura, 유일무이한 오브제로서의 신비감)를 창조하는 일이다. 아마도 한국만큼 건축가들이 건축을 신비화하는 나라는 없을 것이다. 역설적이게도 '건축'이 없는 나라에서

**한국 도시의 일상적 가로 상업 건축**

도시환경과 건축의 수준을 높이기 위해서는 일상적 건축의 이론화가 필요하다.

건축은 더 미화되고 더 신비화된다. 이러한 태도는 실상 한국건축의 공허함에 대해 건축가들이 취하는 자기 방어 메커니즘이며, 단언컨대 상업주의의 한 전략에 불과하다.

미국의 건축가 로버트 찰스 벤투리Robert Charles Venturi는 라스베이거스의 상업 건축에서 얻은 교훈을 바탕으로 일상적 소통을 강조하는 팝 건축pop architecture 이론을 발전시켰다. 일상적 상업 건축의 친근함을 지극히 미국적인 건축 규범으로 이론화한 것이다. 한국의 건축가와 학자 들은 벤투리의 건축이론은 받아들이면서, 한국의 일상적 상업 건축으로부터 배울 생각은 하지 않는다. 건축은 고상한 정신적 가치를 다루는 고급문화이므로 일상적 상업 건물은 건축적 논의의 대상이 되지 않는다고 외면한다. '건축'이 없는 한국에서 건축의 신비주의는 더욱 만연한다.

『행복의 건축』의 저자 알랭 드 보통Alain de Botton은 건축은 신비로운 가치를 구현하는 것이 아니라 일상적 생활의 행복과 관련 있는 것이라고 주장한다. 이 말은 그가 건축을 전공한 전문가가 아니기 때문에 더 경청할 필요가 있다. 그는 건축의 일상적 가치에 대해 다음과 같이 말한다. "본질적으로 디자인과 건축 작품이 우리에게 말하는 것은 그 내부나 주변에서 가장 어울리는 생활이다. 우리를 따뜻하게 해주고 기계적인 방식으로 우리를 도우면서도 동시에 우리에게 특정한 종류의 사람이 되라고 권유한다. 행복의 전망에 관해 이야기한다."* 그리고 스탕달Stendhal의 말을 덧붙인다. "아름다움은 행복의 약속이다. 행복을 바라보는 관점만큼이나 아름다움의 스타일도 다양하다."

건축의 가치는 정신적이고 신비로운 것이 아니라 관습적이고 문화적인 것이다. 이것은 일상적 환경에서 경험되어야 한다. 만일 한국의 일상적 환경이 우리와 어울리지 않고 우리에게 행복을 약속하지 못한다면 이것을 '건축'의 수준으로 끌어올리는 것이 필요하지 않은가? 머무를 장소를 잃어버린 황량한 현대 도시에서 건축은 좀 더 편안하고 행복하게 느낄 수 있고 소통할 수 있는 환경을 창조해야 한다. 이것이 건축의 미학적 차원이 감당해야 할 몫이다.

## 형식주의의 허구성

형식주의는 신비주의와 함께 현대건축이 탐닉하는 또 하나의 경향이다. 형식주의는 건축의 어떠한 외적인 가치도 배제하고 건축 자체의 자

---

* 알랭 드 보통, 『행복의 건축』, 이레, 2007, p. 77.

율적 형태 논리에 집착한다. 형식주의 건축가들은 저마다 독창적이고 자율적인 형태 창조의 개념과 원리를 들고 나온다. 이는 종종 새로움의 미학을 뒷받침한다. 이들은 건축이 현실에서 어떻게 기능하고, 어떻게 경험되며, 어떻게 작동하는가와 같은 실질적인 문제에 지나친 관심을 두는 것을 마치 건축의 가치를 떨어뜨리거나 건축 형태의 순수함을 오염시키는 일처럼 생각한다.

형식주의는 2차 대전 이후 등장한 현대건축 담론의 중요한 경향이다. 개인주의와 마찬가지로 형식주의의 등장에도 나름의 역사적 배경과 이유가 있다. 서양에는 건축을 통해 사회적 이상을 추구하는 뿌리 깊은 전통이 있다. 르네상스 건축가들은 건축을 통한 이상사회 구현을 목표로 했다. 20세기 초 유럽의 근대건축운동가들도 건축을 통해 이상적 근대사회를 실현하고자 했다. 그러나 근대건축이 목표로 삼았던 기술적 유토피아의 비전이 실패하면서 60년대 이후 건축의 사회적 역할은 급격히 위축되었다. 건축가들은 현대사회에서 건축가의 역할과 위상은 점점 약화되고, 건축이 사회적 문제를 해결하고 사회의 변화를 견인할 힘이 없다는 사실을 깨닫기 시작했다. 건축의 형식주의는 이러한 상황에서 일종의 고육지책으로 나온 것이다. 서구건축의 역사적 맥락에서 보면 현대건축의 형식주의는 나름대로 의미가 있는 셈이다.

그러나 한국의 경우는 좀 다르다. 우리나라에서는 건축이 사회적 역할을 감당해온 적이 없다. 급속한 서구적 근대화와 건설의 과정에서 건축의 사회적 역할을 고민할 여유조차 없었고, 대신 엔지니링적 기능주의와 경제 논리, 정치 논리와 상업주의가 건축을 지배했다. 그렇기 때문에 한국의 현대건축은 아직 감당해야 할 과제가 많다. 건축적 해결을 필요로 하는 도시 환경과 건축 유형에 관한 중요한 문제들이 아직 한국의 건축가들 앞에 숙제로 남아있다. 그런데 이러한 문제들을 도외시하고 형식주의에 탐닉하는 일은 한마디로 난센스다. 이러한 문제에 대한 건축가들의 자기반성과 노력 없이 건축의 열악한 사회적 위상을 거론하는 것은 자가당착이다.

# 한국건축의
# 상업주의

한국 현대건축을 지배하는 또 하나의 원리는 상업주의다. 모든 것이 상품화되는 자본주의 사회에서 건축의 상품화는 그다지 새로운 일이 아닐 수 있다. 하지만 모든 건축은 하나뿐인 땅 위에 구축되며 그 지역의 문화적 생산품으로서 지속성을 갖는다.

그래서 지역건축은 세계 자본주의 체제가 가져온 전 지구적 상품 소비문화에 대항하는 지역적 저항의 수단으로 거론되기도 한다. 케네스 프램톤Kenneth Frampton의 비판적 지역주의 이론이 그 예다. 그러나 한국에서의 건축은 상품화에 저항하는 수단이라기보다는 피상적 이미지로 유통되고 소비되는 하나의 상품이다. 각종 건축 잡지와 신문 방송은 이러한 소비의 매체다.

## 건축 저널리즘과 대중매체

서구사회에서 건축 잡지는 건축가와 학자 들이 중심이 되어 건축이론을 토론하고 전파하는 매체의 역할을 한다. 이탈리아의 『카사벨라Casabella』, 미국의 『오포지션Oppositions』과 『어셈블리지Assemblage』, 『프랙시스Praxis』 같은 잡지들은 이러한 비평적 매체의 전통을 충실히 이어왔다. 또 서양의 건축 저널들은 건축의 사회적 책임과 양식 논쟁에 대중적 관심과 참여를 끌어내는 데도 중요한 역할을 해왔다.

그러나 한국의 건축 잡지는 대부분 영리를 목적으로 하는 상업 잡지로 출발했다. 잡지의 편집인은 건축 전문가가 아니라 사업가인 경우가 많고, 편집 기준은 시장의 요구에 따라 판매 부수를 늘리는 데 맞추어져 있다. 그래서 잡지에 실리는 건축을 선택할 때도 작품의 내용, 즉 이론적 주제나 쟁점보다는 트렌드와 이미지의 상품성, 즉 사진발을 먼저 따진다. 건축을 하나의 상품 이미지로 유통시키는 것이다. 간혹 이론적 주제를 다루기도 하지만 새로운 담론을 생산하는 것이 아니라 단순히 외국의 최신 이론을 소개하는 데 그치는 경우가 대부분이다. 이렇게 단편적으로 유통되는 지식은 생산적 토론을 수반하지 못한 채 아무런 맥락 없이 그냥 상품처럼 소비된다. 이런 상황에서 한국의 건축 잡지가 건축의 지식을 생산하고 확장해가는 매체로서 기능하기를 바라는 것은 무리다.

서양은 일간지에조차 건축 전문 기자가 있고 건축 고정 칼럼니스트가 있다. 이들은 전문 학자는 아니지만 건축에 관한 상당한 전문지식을 갖추고 건축의 전문 영역과 대중 사이를 연결하면서 건축이 문화로서 지니는 가치를 대중적으로 전파하는 역할을 한다. 그러나 우리나라의 일간지에는 건축 전문가가 없다. 그러다 보니 부정확하거나 잘못된 건축 지식과 정보를 전파하게 된다. 전문 분야에 대한 매스컴의 인식이 피상적인 것은 어제오늘의 일이 아니지만, 건축에 관한 한 그 정도는 더욱 심각하다. 수년 전까지만 해도 한국의 젊은이가 외국의 유명 건축 학교를 수석 졸업했다든지, 외국의 건축사 면허를 취득했다든지 하는 소식이 난데없이 일간지에 실렸는가 하면, 어떤 건축가는 밑도 끝도 없이 세계적인 건축가가 되기도 했다. 또 개인적 인맥으로 초대된 외국의 건축가들은 한국에 오기만 하면 일약 세계적인 건축가나 세계적인 석학이 된다. 실무 건축가에게 석학이란 표현을 쓰는 것 자체가 어색하다는 사실조차 모른다. 이것이 한국 매스컴이 건축을 이해하는 수준이다. 건축이라는 전문 분야에 대한 기초 정보나 객관적인 판단 기준이 없다.

최근 일간 신문이나 방송에서 건축에 대한 관심과 인식 수준이 높아졌지만 여전히 피상적 이미지로 다루어지고 있는 것이 사실이다. 한국에는 아직 문화로서의 건축이 없기 때문이다. 매스컴에서 건축은 최신 패션 상품처럼 소개되고, 대중 잡지에 실리는 건축가는 모두 대한민국을 대표하는 건축가다. 이렇게 과장되고 자극적이어야 상품성이 있다. 한국건축의 상업주의는 '건축'의 부재와 매스컴의 한건주의가 결합된 산물이다.

이렇게 매스컴을 통해 전파되는 건축은 대중에게 그저 흥미로운 영역이거나 신비로운 재능으로 비추어진다. 고대사회에서 건축이 중요한 국가적 사업일 때 건축가가 제사장의 반열에 있었다는 점(이집트의 건축가 임호텝이 대표적인 사례다)을 고려하면 건축이 이렇게 인식되는 것도 이해는 간다. 하지만 지금은 신화의 시대가 아니다. 서양의 건축이 전문 영역으로 발전하며 건축가가 전문직으로 자리 잡은 것과 달리 한국의 건축은 갑작스럽게 대중적 관심을 받으면서 전문직 영역이라기보다는 흥미로운 재능이나 기예로 인식되어 일어난 현상이다. 매스컴에 비쳐지는 건축가는 전문직이라기보다는 재능 있는 연예인과 같다. 이는 건축에 관한 전문적인 지식체계와 원리, 즉 학문적 배경과 이론이 없기 때문이다.

## 러브 하우스가 만들어낸 허상

오랫동안 인기를 끌었던 방송 프로그램 중에 〈러브하우스〉가 있다. 소위 유명 건축가들이 출연해서 어려움에 처한 사람들을 위해 집을 지어주는 프로그램이다. 러브하우스가 인기를 얻으면서 당시 건축학과 지망생이 폭발적으로 늘었고, 입시 면접에서 지원 동기를 물어보면 러브 하우스를 보고 건축과를 지망했다는 학생이 한둘이 아니었다. 그러나 이 방송에서 묘사된 건축가의 이미지는 현실과는 동떨어진 것이었다. 이 프로그램이 대중에게 주는 건축가의 이미지는 '건축가의 손을 거치니 일순간에 집이 이렇게 변했다'는 것이다. 텔레비전 속 건축가는 무슨 마술사처럼 보인다.

아무리 작은 집이라도 설계부터 시공까지는 복잡한 시공 과정과 많은 인력, 그리고 막대한 비용이 소요된다. 이런 점에서 건축은 다른 개인적 창작품과는 구별된다. 건축가가 아무리 멋진 디자인을 해도 필요한 자재와 공정, 비용이 뒷받침되지 않으면 집을 지을 수 없다. 다 알려진 얘기지만 프로그램에 참여했던 건축가는 디자이너라는 자신의 전문성과는 관계없는 자재와 시공에 관한 협찬을 방송을 위해 끌어와야 했다. 그러나 방송에서는 이러한 건축의 과정은 생략되고 최종 이미지만 전달된다. 건축이 무슨 마술처럼 묘사되는 것이다. 건축가는 가히 신비로운 마술사이고, 수혜자에게 텔레비전의 건축 프로그램은 로또인 셈이다. 방송을 통해 전달되는 건축의 이러한 이미지는 현실을 왜곡한다. 매스컴이 전파하는 건축의 피상성은 전문 영역으로서의 건축을 희화화하고, 공공적 복지 개념이 없이 자본주의적 건설 산업과 부동산의 논리에 내맡겨진 한국건축의 냉엄한 현실을 가리는 역할을 한다.

## 건축학개론과 마천루

건축에 대한 사회적 관심이 늘어나고 건축가가 근사한 전문직이라는 이미지가 퍼지다 보니 건축가를 소재로 한 영화나 드라마도 심심찮게 등장한다. 최근 건축가를 소재로 한 영화 〈건축학개론〉과 드라마 〈신사의 품격〉이 인기를 끌면서 건축에 대한 관심도 높아졌다. 여기서 주인공 건축가는 유능하고 매력적인 전문 직업인으로 표현된다. 그러나 거기에 투사된 건축가의 이미지는 다분히 비현실적이며, 이야기의 주제는 건축과는 전혀 관계없다. 건축가라는 직업도 그냥 소재로만 등장할 뿐이다. 건축과 건축가라는 직업을 피상적 이미지로 소비하는 것이다.

1940년대 게리 쿠퍼Gary Cooper가 주연한 〈마천루Fountainhead〉라는 미국 영화가 있다. 건축가를 소재로 한 영화로, 프랭크 로이드 라이트Frank Lloyd

Wright라는 미국의 건축가를 실제 모델로 삼았다고 알려져 있다. 물론 비현실적이고 과장된 측면이 있지만, 이 영화는 건축가의 전문적 업무, 직업윤리와 이상, 개인의 창조성과 보수적인 사회와의 갈등을 소재로 한다. 한국에서처럼 건축가를 그저 멋있는 전문 직업인의 이미지로만 등장시키지 않는다.

## 한국건축의 스타 시스템

상업주의가 지배하는 현실에서 당연한 일이겠지만 한국의 건축가들은 대중매체를 활용하는 데 익숙하다. 건축가들은 기회만 있으면 대중매체에 자신의 얼굴을 내밀고 싶어 한다. 대중잡지나 텔레비전에 자주 출연하면 어느새 유명 건축가라는 명칭이 통용되고, 이것은 곧 비즈니스로 연결된다. 건축가의 명성이 전문직 안에서의 평가와 사회적 인정보다는 대중 노출과 인기로 결정된다.

　　일단 명성을 갖게 되면 건축가들은 자신의 이미지를 대중적으로 전파하기 쉬워진다. 명성은 권위를 만든다. 건축의 지식기반이 취약하기 때문에 어차피 그것을 검증할 수 있는 전문직 내의 지적 토대와 기준은 없다. 통상 인문학적 지식은 방대한 지적 토대를 바탕으로 하기 때문에 어떤 개인적 주장이 학문의 지식체계 안으로 편입되기 위해서는 이론적 논쟁을 통해 학계의 동의를 얻는 과정이 필요하다. 그러나 우리나라의 대중매체는 소위 유명 건축가가 건축이나 도시에 관한 개인적 관점의 이런 저런 이야기를 하면 그것이 마치 공인된 건축의 지식인 양 전파한다. 그러고는 아무런 전문직 내부의, 혹은 학계의 동의도 없이 어느 새 한국을 대표하는 건축, 건축가가 된다. 건축계만큼 대중적인 이미지와 전문가 내부의 평가가 중구난방인 영역도 많지 않을 것이다. 객관적 기준이 없으니 모두 다 자신이 최고라고 생각한다. 이 모든 것은 결국 우리 사회에 공유된 건축의 토대가 없기 때문이다. 그래서 건축가들은 일단 명성을 추구하게 되고 그것을 이용한 마케팅에 치중하게 된다.

여기에 스타 시스템이 작동한다. 현대 문화산업은 스타 시스템을 통해 개인의 이미지를 생산하고 상품화하며 소비한다. 한국은 건축에서 스타 시스템이 가장 잘 작동하는 나라다. 아마도 전 세계에서 소위 스타 건축가에게 사인을 받으려고 줄을 서는 나라는 우리나라밖에 없을 것이다. 외국의 유명 건축가들조차 한국에 오면 학생들의 사인 공세에 당황해한다. 이러한 현상을 한국에서 건축가의 높은 인기를 반영하는 것으로 좋게 볼 수도 있다. 하지만 스타 건축가의 인기가 이렇게 좋은데 한국건축의 현실은 왜 이렇단 말인가? 참 아이러니하다.

어떤 이들은 스타 건축가가 건축의 사회적 위상을 높이는 데 긍정적 역할을 한다고 주장한다. 한국건축계는 스타 만들기에 인색하다고 불평하는 사람도 많다. 물론 스타 건축가의 순기능도 있다. 그러나 그것이 건축 전문직의 단단한 토대 위에서 구축된 것이 아니라 피상적 이미지로 만들어진 것이라는 데 문제가 있다. 스타 시스템에서는 새로운 이미지, 새로운 상품을 계속 만들어내지 못하면 그 인기와 명성이 지속되기 어렵다. 대중에게 얼굴을 계속 내밀지 못하면 떴다가 사라질 수밖에 없는 연예인과 같다.

## 건축가의 명성

역사상 현대사회처럼 건축가가 사회적 명성을 누려본 적은 사실 별로 없다. 영국의 노먼 포스터, 이탈리아의 렌조 피아노, 네델란드의 렘 콜하스Rem Koolhaas와 같은 현대건축가는 누구나 인정하는 세계 건축계의 거장이자 스타로 대중적 명성을 갖고 있다. 그러나 막상 이들은 건축가의 과도한 명성과 이미지 소비에 대해 비판적이다. 렌조 피아노는 현대사회에서 행해지는 스타 건축가의 이미지 마케팅과 이를 통한 건축의 상품화를 단호히 비판한다. 이것이 건축의 진정성을 유지하는 데 해롭다고 생각하기 때문이다. 한 일간지와의 인터뷰를 인용해보자.

"스타 시스템은 건축에 전혀 도움이 안 된다. 나는 스타가 아니고 스타처럼 행동하지도 않는다. 건축가는 스타일 수 없다. 건축가에겐 사람을 이해하는 과정이 중요하다. 사람을 만나고 그들과 대화해야 한다. 대중 소통을 차단하는 콧대 높은 스타와는 다르다. 나는 그저 맛있는 빵을 굽는 빵가게 주인 같은 사람일 뿐이다."•

명성은 원래 그렇게 가벼운 것이 아니다. 과거에 명성은 신화적 권위에 의존했다. 현존 인물에게 명성을 부여하기 시작한 르네상스 이후에도 역사적 기준에 합당한 성취를 이룬 르네상스의 거장들이나 프랑스의 나폴레옹과 같이 시대성을 체현한 소수의 위인에게만 주어졌다. 당시에는 역사적 평가와 윤리적 기준, 시대적 성취가 명성을 결정짓는 중요한 요소였다. 그러나 근대 이후 명성이 대중화되면서 너도 나도 명성을 추구하기 시작했다. 명성의 문화는 개인숭배를 조장했고 자서전 출간을 유행시켰으며 개인의 삶과 가치를 공공영역화했다. 이제 명성을

---

• 조선일보, 「트리플원 설계자인 세계적 건축가 렌조 피아노」, 2012. 5. 3.

얻는 가장 중요한 수단은 미디어 노출이 되었다.

일부 학자들은 근대사회의 명성 추구를 거짓된 개인숭배나 자본주의 체제의 물화의 산물, 또는 자율적인 자아 조직의 결과라고 비판한다. 정신분석학자들은 명성에 대한 갈망은 부족하다는 느낌에서 생겨난다고 지적한다. 어찌되었건 근대사회에서 명성은 진정성과는 무관한 자아 생산의 메커니즘이다. 그러나 명성 추구를 무조건 비판할 수만은 없다. 자아의 생산을 통해 존재의 의미를 확인하려는 욕망은 어찌 보면 현대인의 삶의 숙명적 조건이기도 하다.[*] 하지만 한국처럼 명성에 대해 과도하게 집착하는 것은 분명 병적 현상임에 틀림없다.

## 한국건축에 필요한 것

건축계의 노벨상이라는 프리츠커 상이 있다. 얼마 전 중국의 건축가 왕슈wang shu가 이 상을 받았다. 이웃나라 일본에는 이 상을 받은 건축가가 이미 다섯 명이나 있다. 중국과 일본에서 프리츠커 상을 받았으니 이젠 한국 차례라고 생각할지 모른다. 누군가는 이미 이 상을 목표로 로비를 하고 국제적 네트워크를 만들려고 동분서주하고 있는지도 모른다. 우리도 빨리 건축계의 스타를 키워야 건축의 사회적 위상이 올라간다고 하는 사람들도 많다. 그러나 과연 그럴까?

소수의 스타에 의존하는 스타 시스템은 실체보다는 이미지에 의존하며, 대중이 현실에서 느끼는 결핍을 대리만족시켜줄 뿐이다. 문화로서의 건축이 제도화되지 않은 나라에서 소수의 스타 건축가가 어떻게 전반적인 건축의 수준과 일상적 삶의 질을 높일 것인가? 예컨대 북유럽

---

[*] Mark Jarzombek, "the Transformation of Fame", *Architecture between spectacle and use,* Sterling and Francine Clark Art Institute, 2005.

국가들이나 호주, 캐나다에는 소위 스타 건축가는 없지만 건축 수준은 훌륭하다. 프리츠커 상을 받았다고, 스타가 나왔다고 해서 우리나라의 건축과 도시 환경의 수준이 높아지는 건 아니다.

건축의 정체성을 바로 세워서 건축 문화의 토대를 굳건히 하고, 일상적 환경의 질을 높여서 전반적인 건축과 도시의 수준을 향상시키는 것이 필요하다. 이 과정에서 전문성과 재능을 갖춘 건축가들이 많이 나온다면 언젠가는 국제적 상을 받는 사람도 나올 것이다. 이때 누군가 상을 받더라도 그렇게 호들갑 떨 일도 아니다. 왜 한국만 이런 상에 집착하는가. 상에 대한 집착은 명성에 대한 과도하고 병적인 갈망과 문화적 콤플렉스의 산물이다. 콜린 로의 말을 빌리면 지금 한국건축에 필요한 것은 소수의 영웅적 개인이 아니라 다수의 훌륭한 병사이다.

우리 주변에는 진지하고 실력 있는, 그러나 자신을 상업적으로 홍보하는 데는 서툰 건축가가 많다. 본래 건축 저널리즘이 해야 하는 일은 이러한 건축가들을 발굴하고 전파하는 것이다. 끈끈한 인맥과 상업적 재능을 갖춘 소수의 건축가에 의해 매스컴이 장악되면 그 통로는 봉쇄되고 만다.

다행스러운 일은 요즈음 실력과 경험을 갖춘 유능한 젊은 건축가들이 아주 많아졌다는 것이다. 최근 2~3년 사이 언론과 대중매체를 통해 이들의 작업과 목소리가 많이 전달되고 있다. 이들의 활동 영역이 넓어지는 것은 매우 고무적이다. 불과 10년 전만 해도 대중매체에 얼굴을 내밀려면 학력과 인맥, 그리고 이미지의 상품성이 중요했다. 건축가의 폭이 넓어지니 이젠 실력이 중요하다. 이들 젊은 건축가들은 지나치

게 관념적인 건축 담론을 추구하지 않는다. 영웅주의와 신비주의도 배격한다. 이들은 앞 세대의 건축가들이 모호한 개념과 추상적 이론을 내세우던 것과는 달리 섬세한 문제에 관심을 쏟는다. 건축을 통한 구체적인 지역문제 해결, 개인적 요구와 감성 충족, 새로운 기술과 재료 탐색이 그것이다. 물론 이러한 경향도 현대건축의 한 흐름이고 개인적 취향의 반영이긴 하다. 그래도 실력 있는 건축가의 활동 영역이 넓어지고 이들이 사회와 소통하면서 문화로서 건축의 기반이 조금씩 쌓여갈 가능성이 커졌다.

중요한 것은 넓어진 건축가의 폭만큼 건축의 공론장을 활성화하는 일이다. 이를 통해 건축에 관한 공동의 규범과 가치 기반을 조금씩 다져가야 한다. 이런 과정이 쌓이면 궁극적으로 건축의 문화를 형성한다. 젊은 건축가들이 좌절하지 않고 지속적으로 작업하면서 사회와 소통할 수 있다면 우리 건축의 문화적 토대를 만들어갈 수 있다.

# 공공건축의
# 규범 만들기

최근 건축의 공공적 가치와 공공건축에 대한 관심이 높아졌다. 서울시
는 공공건축의 디자인 가이드라인을 만들었다고도 한다. 그러나 공동체
규범이 없는 상황에서 공공건축의 규범은 과연 어떻게 만들 것인가? 이
것은 도대체 가능한 일인가?

## 공공건축과 공공 공간

공공건축은 유럽에서 18세기 이후 시민계급으로 대표되는 대중과 그들
을 중심으로 한 공론장이 형성되면서 등장한 건축 개념이다. 18세기 중
엽 유럽에서는 공공의 개념이 건축의 새로운 화두였다. 극장, 갤러리,
학교, 시장, 세관, 법원, 국회, 은행 등 도시 시민계층을 대상으로 하는
새로운 공공적 성격의 건축이 등장했고, 이러한 건축과 이를 둘러싼 도
시공간을 어떻게 만들 것인가가 건축의 중요한 주제가 되었다.

당시 계몽주의자들은 공공건축과 공공 공간이 시민의 생활 수준과 사회의 도덕성을 높일 수 있다고 생각했다. 그들은 새로운 공공건축의 양식과 공공 공간의 개조를 통해 시민의 개인적 자유와 이성을 신장시킬 수 있다고 믿었다. 예를 들어 계몽주의 철학자 볼테르Voltaire는 시민 대중의 미적 취향을 높일 수 있도록 도시공간이 좁은 길과 건물들에 둘러싸여 감추어지지 않고 개방되어야 한다고 주장했다. 계몽주의 비평가 라 퐁 드 생 텐느La Font de Saint-Yenne는 도시론의 핵심 개념으로 명확한 분절 Dégagement을 주장했는데, 그것은 '주변의 도시 조직으로부터 공공건물을

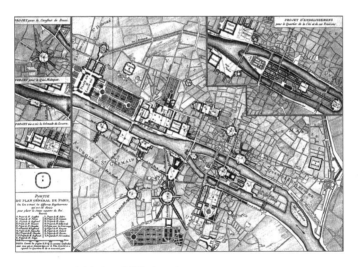

**Pierre Patte의 〈파리 도시계획도〉**(1765)
파트가 제안한 도시계획도에서 공공건축과 공공 공간은 좁은 길과 건물에 둘러싸이지 않고 개방되었다. 계몽주의자들은 서민의 삶의 수준과 사회의 도덕성이 공공 공간과 연결되어 있다고 생각했다.

분리하는 것, 그래서 오픈스페이스의 틀을 제공하고 기념비적 공공건축이 감상될 수 있도록 하는 것'이라고 정의했다. 당시 공공건축과 공공 공간은 시민들이 주체가 되는 공적 삶의 무대로서, 단순한 상징 이상의 의미를 가졌다. 시민의식을 고양하는 수단으로서 도덕적 의미가 부여되었고, 유럽의 계몽 군주들은 이를 위해 고대 로마의 포럼을 모델로 하여 새로운 공공 공간을 조성하는 도시재건 프로젝트를 시도하기도 했다.

프랑스의 계몽주의 이론가와 건축가 들은 공공건축이 어떤 격식과 규범을 가져야 하는지에 대해 명확한 이론을 제시했다. 18세기 말 대표적인 신고전주의 건축가이자 이론가인 자크 프랑수아 블롱델Jacques Francois Blondel은 당시 건축이 로코코풍의 장식적 경향으로 흐르는 것을 비판하면서 명쾌한 고전 언어를 활용하는 신고전주의 양식을 합리적 이성의 이름뿐 아니라 공공영역의 수호라는 관점에서 옹호했다. 마크 앙투안 로지에Marc-Antoine Laugier는 도시가 이성적 질서를 가진 공간 구조로 재구성되고 격식을 갖춘 공공건축이 오픈스페이스에서 제대로 감상될 수 있을 때 시민들의 이성적 능력과 미적 취향이 고양될 수 있다고 주장했다. 이들은 이성적이고 합리적인 고전 양식과 이성적 질서를 갖춘 도시 공간의 구성은 대중의 미적 취향과 도덕성, 그리고 이성적 능력을 고양시킬 수 있다고 보았다. 그 결과 분절성과 기하학, 명쾌함, 빛과 명암에 의한 구성, 고전 언어의 차용과 같은 신고전주의의 건축 규범이 당시 새롭게 등장한 공공건축의 미적 규범으로 정립되었다.

## 공공건축의 규범과 공론장

그러나 공공건축의 미적 규범을 정하는 것은 그렇게 간단한 일이 아니다. 고전시대나 중세, 르네상스와 같이 강력한 하나의 양식이 지배하던 시대에는 건축의 미적 규범이 초월적 권위에 의해 부여된 것이었기 때문에 문제될 일이 없었다. 그러나 18세기 말 고전주의는 이미 절대적 규범으로서의 기반을 상실해가고 있었다. 절대적 권위를 갖는 미적 기준이 없는 상태에서 어떻게 공공건축의 규범을 정립할 것인가?

당시 공공의 미적 취향과 규범을 정립하는 데는 공공영역(공론장)에서의 대중의 활발한 참여와 토론이 중요한 역할을 했다. 예컨대, 파리의 콩코르드 광장Place de la Concord 조성 프로젝트는 왕립건축아카데미와 궁정 안에서만 이루어지던 폐쇄적인 논의 방식을 취하지 않았다. 아카데미 밖의 건축가들, 심지어 아마추어까지 참여하여 다양한 제안을 내놓음으로써 공공건축과 공공 공간의 규범에 대한 논쟁이 공공영역으로 확대되었다. 계몽주의 철학자들은 자유로운 시민, 비평가들이 왕에게 직접 의견을 말할 권리를 주장했고, 시민들에게 개방된 살롱의 전시회에서는 예술양식에 대한 공적 논쟁이 활발하게 진행되었다. 볼테르는 나중에 콩코르드 광장 설계가 소수 아카데미 건축가들의 지명 현상으로 진행되자 공공시설을 통해 시민의 미적 취향을 고양시키고 시민적 삶을 향상시킬 수 있는 기회를 저버렸다고 맹렬히 비판하기도 했다.

1789년 프랑스 시민혁명 후에는 수많은 설계경기가 열렸고 미적 규범의 판단과 대중 취향의 문제에 대한 활발한 토론이 이루어졌다. 당시 시민들이 참여한 공모전은 공공디자인, 공공건축에 관한 공론장을

**앙주 자크 가브리엘이 설계한 콩코르드 광장**(1763)

볼테르는 콩코르드 광장 설계가 소수 아카데미 건축가들의 지명 현상으로 진행되자 공공시설을 통해 시민의 미적 취향을 고양시키고 삶을 향상시킬 수 있는 기회를 저버렸다고 맹렬히 비판했다.

활성화시켰다. 또 혁명 후 프랑스에서는 공공건축을 위한 국가 위원회가 결성되어 건축 전문가들과 지식인이 모여 활발한 토론을 벌임으로써 공공건축과 공공디자인의 규범을 정립해갔다. 이러한 역사적 경험은 건축가들의 사회적 공헌과 역할에 대한 대중의 인식이 사회적으로 깊이 뿌리내리는 계기가 되었다.

18~19세기 영국과 그 밖의 유럽 국가에서도 비슷한 과정을 겪었다. 당시 공공건축위원회에서는 전문가와 지식인, 대중 사이에 미적 취향에 대한 토론이 활발히 전개됐고 이를 통해 공공건축의 양식이 결정되었다. 이들은 건축의 사회적 책임에 대한 신념을 공유했다. 당시 활발

**에콜 데 보자르에서 진행된 설계경기 심사 모습**
전문가와 지식인, 대중들 사이의 활발한 미적 취향 토론은 건축의
사회적 책임에 대한 신념을 공유했기에 가능한 일이었다.

했던 설계경기는 건축가들이 자신의 디자인을 공공영역에서 경쟁하고
파는 일종의 공론장 역할을 했다.

그러나 절대적인 미적 규범이 존재하지 않는다면 어떻게 디자인의
공적 규범에 대한 사회적 합의에 도달할 수 있을까? 이 문제를 철학적
관점에서 해결한 사람이 바로 칸트다. 칸트는 아름다움을 초월적 원리
에 의해 부여된 어떤 질서가 아니라 개인의 미적 체험에 근거하여 설명
했다. 그렇다고 미적 체험을 주관적 영역으로 간주하지는 않았다. 그는
아름다움의 감각, 즉 미적 쾌감을 객관적인 것으로 보았다. 하지만 아
름다움이 절대적 기준에 의한 것이 아니라 개인의 취미 판단의 문제라
면 그것은 어떻게 객관성을 획득할 수 있는가. 칸트는 개인의 미적 판
단 능력에는 공통의 감각 원리가 적용된다는 설정을 함으로써 이러한

모순을 해결했다. 즉 개인의 마음 구조는 공통의 감각 원리를 갖는다는 것이다. 물론 개인의 경험이나 상황의 차이에 따라 미적 체험에 개인별 편차가 있을 수 있지만, 이성적인 개인들은 사회적 소통에 의해 객관적인 미적 규범에 도달할 수 있다는 것이다. 공적인 아름다움의 기준을 정립하는 과정에서 이성적 개인의 미적 판단과 공공적 소통을 강조한 것은 계몽주의 철학자로서의 칸트의 진면목을 보여준다.

근대 이후 서구사회에서 공공건축의 디자인 규범은 이처럼 대중이 공공영역에 참여함으로써 사회적 논쟁과 합의를 거쳐 형성되어 왔으며, 이 과정에서 건축가는 주도적 역할을 했다. 이렇게 형성된 공공영역의 규범은 사회적 합의를 바탕으로 체계적 접근과 엄격한 관리가 이루어졌다. 그리고 지식인과 건축 전문가가 참여하는 대화와 논쟁을 통해 건축적 취향이 결정될 수 있다는 전통은 근대적 건축 비평의 효시가 되었다.

## 한국 공공건축의 규범

우리나라는 서구와 같이 공공건축에 관한 담론이 형성된 적이 없다. 과거 국회의사당이나 국립박물관 같은 공공건축을 지을 때 정부가 강요했던 전통성의 표현 문제를 놓고 논쟁을 벌인 적은 있지만, 공공건축의 미적 취향에 관한 토론이 진지하게 이루어진 적이 없고 그에 대한 기준이 정립되지도 못했다. 그러니 공공건축의 디자인을 결정할 때 그 미적 판단 기준이 무엇이냐고 질문하면 답하기 막막하다. 개인마다 취향이 다르고 공유된 판단 기준이 없는데 미적 규범에 대한 합의를 도출하기는 어려운 일이다. 누가, 어떻게 공공건축과 공공디자인의 규범을 결정할 것인가? 한국건축에서 이러한 문제에 대한 공론장의 소통은 여전히 막혀 있다.

한국에서 공공건축은 대개 현상설계나 턴키방식의 공모로 진행된다. 이를 형식적으로는 공론장의 한 방식이라고 볼 수 있다. 그러나 엄밀히 말해서 우리나라에 건축의 공론장은 존재하지 않는다. 공공건축을 담당하는 공무원은 대개 행정직으로 이들의 업무는 예산과 시간, 행정 절차를 관리하는 데 있다. 디자인에 대한 판단은 대개 소수의 전문가나 기관장의 취향에 따르는데 건축의 공공적 가치에 대한 합의된 개념과 기준이 없으니 내가 하면 좋은 디자인이고 남이 하면 아니라는 식의 주관주의가 팽배하다.

또 조금씩 나아지고는 있지만 아직도 디자인의 창의성과 우수성보다 인맥과 학연, 지연을 이용한 로비에 의해 당선안이 결정되는 경우도 많다. 그렇다고 결과에 대해 문제 삼기도 어렵다. 어차피 이를 평가할 명확한 기준을 공유하고 있지 않기 때문이다. 이러한 문제를 해결하기 위해서 나온 방안이 통상 계량화된 평가 지표를 만들어 항목별 점수를 매긴 후 합산하여 순위를 정하는 것이다. 그러나 디자인을 계량적 지표로 판단한다는 것 자체가 객관적인 듯 보이지만 사실은 전혀 그렇지 않다.

또한 전문가와 일반 시민이 가진 건축에 대해 인식도 차이가 크다. 공론장은 건축 전문가뿐 아니라 대중의 참여가 필수적이다. 그러나 건축의 문화적 토대와 공유된 규범이 없는 상태에서 대중적 소통과 설득은 쉽지 않다. 건축의 공론장이 활성화되어 있는 서구와는 근본적으로 다르다. 최근 공공건축의 디자인을 말할 때 품격(향상)이란 말을 많이

**예술의 전당**
전문가를 대상으로 한 최근 일간지 조사에서 국회의사당과 예술의 전당이 흉한 건축의 상위권에
올랐다. 이것은 한국에서 공공건축의 언어가 처한 상황을 잘 보여준다. 사람들은 예술의 전당의
문제로 입지를 말한다. 하지만 주어진 대지에 설계를 해야 하는 건축가가 입지를 책임질 수는 없다.
이처럼 평가의 기준은 명확치 않으며, 비전문가들의 의견은 다를 가능성이 많다.

쓴다. 이 용어가 어디서 왔는지는 잘 모르겠지만 아마도 서양건축에서
말하는 성격Character이나 품격Dignity을 의미하는 것으로 짐작된다. 이 말은
서양의 오랜 건축 전통 안에서 사용할 때 그 의미가 소통된다. 비트루
비우스와 알베르티도 건축의 Dignity라는 용어를 썼다. 근대건축에서는
이러한 건축의 원리를 표현하는 수단이 오브제적 형상에서 좀 더 추상
적인 어휘로 바뀌었을 뿐이다. 즉 그것을 구현하는 구체적인 형태언어
와 디자인은 바뀌어도 그 의미는 전달된다. 그러나 한국에서 이 용어는
구체적인 내용을 담고 있지 않기 때문에 모호하기 그지없다. 도대체 건

© Marion Schneider & Christoph Aistleitner

**오스트리아 그라츠의 현대미술관**

그라츠의 현대미술관은 이질적인 디자인으로 기존 역사도시의 맥락과 강하게 대비되지만
공공건축으로서의 성격을 잘 보여준다. 이런 점에서 서울의 공공건축과 대비된다. 서울은
도시 맥락의 일관성이 없고 개별 건축의 사회적 소통성은 약하다.


축의 품격이란 무엇인가? 어떤 형태언어, 어떤 장소, 어떤 분위기의 창
조가 건축의 품격을 높이는가?

우리나라에서 공공건축의 디자인 기준을 논할 때 영국 공간환경위
원회CABE의 정의가 많이 인용된다. 영국 공간환경위원회는 우수한 디
자인을 "기능에 충실하며 장기적 보존이 가능하고 적합한 위치에 배치
되어 주변 여건과 조화를 이루는 건축물, 친환경적 요소를 갖추고 지역
주민의 자긍심을 높이는 공간 등"이라고 정의하며, "일반적으로 우수한
디자인은 많은 사람이 쉽게 공감할 수 있어야 한다"고 덧붙인다.* 서양

---

* CABE, "Creating excellentbuildings: A guide for clients", 2010.

에서는 이 말이 무엇을 의미하는지 충분히 전달되고 이에 대한 사회적 합의도 가능하다. 오랜 건축의 문화적 전통과 역사적 맥락이 있기 때문이다. 그러나 한국에서 이러한 정의는 뜬구름 잡는 것과 같다. 말하자면 한국에는 공공건축과 공공디자인의 슬로건만 있지 공공영역의 합의된 미적 규범은 존재하지 않는다.

## 건축 디자인의 주제화

한국 현대건축에서 통용되는 미적 가치가 있다고 하면 그것은 앞에서 설명했듯이 '새로움'이라고 할 수 있다. 기존 틀을 벗어나는 새로운, 혹은 최신 유행을 반영하는 참신한 디자인이 아무래도 관심을 받는다. 그래서 한국의 건축 디자인은 주로 표현적 형태에 집착한다. 시각적 자극은 상징을 상실한 한국사회에서 건축이 살아남기 위한 한 방법이다. 이것은 18세기의 미학적 개념으로 보면 현대의 서브라임(sublime, 숭고미)이다. 하지만 대중 소통의 능력이나 사회적 설득력은 약하다. 이것은 새로운 이미지의 끝없는 소비라는 자본주의적 상품시장 경제 논리를 반영하는 것일 뿐이다.

이런 관점에서 요즈음 한국의 공공건축 현상설계를 보자. 이들이 디자인을 설명하는 방식에는 어떤 특징이 있다. 예를 들면 어울림, 빛 고을, 숲속의 하모니와 같은 주제어를 동원하여 디자인을 설명하는 것이다. 즉 설계 아이디어를 쉬운 개념어를 동원하여 대중이 쉽게 이해할 수 있도록 설명하는 방식인데, 이것은 이론적 체계나 깊이, 배경이 없는 단순한 개념어일 뿐이다. 광고의 카피나 스타일링에서 말하는 콘셉트와

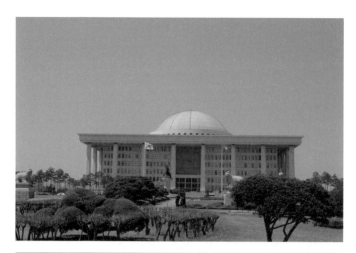

## 서양의 고전주의를 모델로 한 국회의사당과 전쟁기념관

전쟁기념관과 국회의사당의 상징주의는 이해는 되지만 소통은 어렵다.
미국의 국회의사당을 로마의 공화정에서 비롯된 민주주의를 표상한다고
할 수는 있다. 그러나 대한민국 국회의사당의 돔과 전면의 열주랑이 한국의
민주주의를 표상한다고 생각할 사람은 별로 없다. 그나마 고전건축은 이미
전 세계적으로 익숙한 언어이기 때문에 이에 기댄 건축은 좀 나은 편이다.
그러나 현대 공공청사들은 어떤가?

비슷한 것이다. 실제로 개념어 선정과 프레젠테이션도 설계사무소가 아니라 광고홍보 전문회사가 하는 경우가 많다. 이러한 설계(설명)방식은 건축의 학문적 토대에 바탕을 두고 사용된 설계의 개념이나 원리가 아니라 건축을 하나의 상품처럼 감각적, 즉각적 이미지로 대중에게 쉽게 호소하는 방법이다. 어차피 실제 디자인과 주제 어휘 사이에 논리적 연관성은 별로 없다. 디자인은 최신 유행하는 형태적 모티브를 활용하여 근사하게 만들고 개념은 광고 카피와 같은 알기 쉬운 주제어로 포장하는 것이다.

공공적 건축은 어떤 방식으로든 사회와 소통해야 한다. 그러므로 현대 한국건축의 디자인이 이러한 주제화에 기대는 데는 충분한 이유가 있다. 주제화는 디자인 디서플린에 근거를 두지 못한 상품으로서의 건축이 사회와 쉽게 소통함으로써 생존하는 효과적인 방법이다. 문제는 이러한 전략이 건축의 지식 기반을 쌓아가는 것이 아니라 한 번 나왔다 사라지는 일회성 광고 카피와 같다는 데 있다. 한국의 공공건축은 마치 든든한 근거가 있는 것처럼 장황하게 떠들지만 실상 따져보면 토대가 부실하기 짝이 없는 셈이다.

## 공공건축의 윤리성

최근 공공건축과 공공디자인에 대해 관심이 높아진 사회 분위기는 우리 사회가 공공건축의 규범에 관한 담론을 형성하는 데 긍정적으로 작용할 것이다. 그러나 담론이 이루어져야 할 공론장이 제대로 작동하는지는 여전히 의문이다. 한국의 자의식적 엘리트 건축가들은 계몽적 지식인을 자처하지만 공공적 취향의 문제를 진지하게 토론하고 설득할 능력이 있는지는 잘 모르겠다.

공공건축과 공적 환경의 규범화를 위해서는 건축가들이 사회와 지식인, 대중과 소통할 수 있는 공통 감각을 형성해야 하고, 이에 공헌할 수 있는 건축이론과 지식체계를 발전시켜야 하는데 그럴 만한 여건이나 역량이 안 되는 것이다. 그렇다 보니 건축가들은 신비주의에 빠지기 쉽다. 사회가 자신의 건축이 지닌 심오함을 깨닫지 못한다는 식이다. 건축에 대한 신비주의적 접근은 건축가 개인의 아우라를 유지하는 데는 도움이 될지 몰라도 공공적 환경의 미적 규범을 세우기 위해 시민과 소통하거나 전문가와 대중을 설득하기는 어렵다. 일부 건축가의 자폐적 진리 주장은 사회적 소통의 걸림돌이 된다.

철학자 칼스텐 해리스Karsten Harries는 건축의 공공성을 다룬 책에서 현대사회에서는 공공건축을 미적 취향의 문제가 아니라 공동체 윤리의 문제로 접근해야 함을 설파한 바 있다.* 한국과 같이 서구적 의미의 건축 미학의 전통이 약한 나라에서는 공공건축의 규범을 미학적 관점이 아니라 윤리적 관점으로 접근해야 더욱 설득력이 있다. 이를 두고 해리스는 시각적으로 아름다운 디자인보다는, 중심을 상실한 현대사회에서 공동체의 삶에 의미를 부여하는 공공적 장소를 창조하는 것이 공공건축의 윤리성이라고 했다. 물론 이에 대한 구체적 실천 규범을 논하는 것 또한 간단한 일이 아니다. 그러나 확실한 것은 공공적 환경의 미적 규범을 논하기 위한 공론장이 먼저 활성화되어야 한다는 것이다. 공공건축과 공공디자인의 구호를 외치는 것은 그 다음 일이다.

---

* Karsten Harries, *The Ethical Function of Architecture*, the MIT press, 1998.

## 서울시청사를 위한 변명

최근 준공되어 논란을 일으킨 서울시청사는 우리나라 공공건축의 문제점을 여실히 보여준다. 현상설계를 통해 당선된 안을 기관장이 마음에 안 든다고 재공모하고, 자문위원들이 설계안을 변경한다. 알 수 없는 과정을 거쳐 설계안이 수없이 바뀌고 뒤집히는데 그 근거는 모호하고 과정은 불투명하다. 또 지명 현상을 통해 당선된 안에 따라 막상 준공을 하고 나니 이곳저곳에서 비판의 목소리가 터져 나온다. 그러나 이러한 기념비적 공공건축의 디자인에 대한 우리 사회의 공유된 규범이나 가이드라인은 처음부터 없었다.

일부에서는 시청사가 주변 환경과 어울리지 않는다고 비판하고 앞으로 넘어질 듯한 형태는 폭력적이고 쓰나미를 연상시킨다고도 한다. 최근 한 일간지 여론조사에서 시청사는 20년간 지어진 가장 추한 건물 1위로 선정되기도 했다. 하지만 시청사의 디자인이 태생적으로 나쁘다고 생각하지는 않는다. 보는 사람에 따라서는 건축가의 의도인 한국 전통건축의 처마를 느낄 수도 있다. 이러한 부정적, 또는 긍정적 연상은 어차피 주관적일 수밖에 없고, 처음엔 좀 어색한 듯해도 시간이 지나 익숙해지면 친근하게 느껴질 수도 있다.

서울에서 시청사와 같은 상징적 공공건축을 지을 때 부딪치는 딜레마가 있다. 상징성을 강조하는 형태 디자인은 서울과 같은 도시에서는 효과적인 건축적 전략이지만 어차피 개인적 표현주의에 그칠 수밖에 없다. 일부에서는 도시 문맥의 순응이나 재조직화를 말하지만 서울이라는 근대 도시가 과연 어떤 건축적 일관성과 도시적 문맥을 갖고 있는지 답을 찾기가 쉽지 않다. 그것을 따르려면 아마도 박스형 오피스에 약간의 상징적 형태를 입히거나, 문맥을 반영한다고 형태와 공간을 분절시키는 정도밖에 할 수 없을 것이다. 즉 낯설음은 한계를 노출하고 도시와 건축의 맥락은 모호하다. 어떻게 해도 쉽지 않은 프로젝트다.

서울시청사는 주변의 도시 맥락을 존중하여 높이를 낮추면서 공간 구성에서 시민을 중심에 두어 새로운 공공적 가치를 추구했다. 여기에 현대적 재료를 활용한 세련된 형태로 은근한 상징성을 표현하면서 과도한 제스처는 취하지 않았다. 이만하면 효과적인 디자인이라고 생각한다. 적어도 이러한 장점이 인정되었기 때문에 현상공모에서 당선되었을 것이며, 만일 그렇지 않다면 당시 심사위원들이 왜 선정했는지 답해야 할 것이다. 정작 문제는 건축의 실현 과정이었다. 건축가는 디자인 의도를 실현하고 완성도를 높이기 위해서 발주처와 건설사, 전문가, 시민과 지속적으로 소통하고 시공 과정에 개입하여 발생하는 문제를 조정하고 해결할 수 있어야 한다. 그러나 설계자는 디자인을 제출한 이후 실시설계와 시공 과정에서 완전히 배제되었다. 결국 서울시청사에서 제기된 문제는 단순히 디자인의 문제라기보다는 발주처인 서울시의 프로젝트 관리 능력과 전문성 부족의 문제다. 공론장이 제대로 작동하지 않는 우리나라 공공건축 생산체계의 문제이며, 건축 과정에서 건축가의 위상과 역할을 보장하지 않는 우리 사회에 가장 큰 책임이 있다.

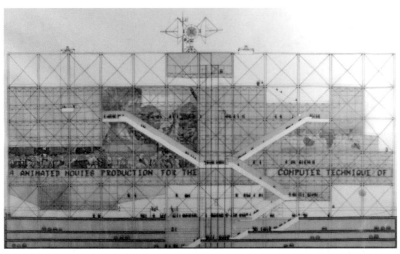

**퐁피두 센터의 당선안과 실현안**

혁신적 건축은 디자인을 실현하는 과정에서 조정을 거친다. 건축가는 지속적으로 건설사, 전문가, 시민과 소통하고 시공 과정에 개입하여 발생하는 문제를 조정하고 해결한다.

**서울시청사의 당선안과 실현안**

건축가가 시공 과정에 지속적으로 개입하여 재료, 평면의 조정, 구조 디테일 등을
조정하였다면 지금보다 훨씬 나은 방향으로 실현되었을 것이다.

# 산업으로서의
# 건축

서양에서 건축이 전문직 서비스로 발전하는 데는 근대 산업화 과정이 중요한 영향을 미쳤다. 18세기 말 산업화로 인해 도시 인구와 주택 수요가 급증하고 이를 충족하기 위해 건설 붐이 일어나면서 디자인과 시공을 일괄로 맡아서 하는 소위 공사업자가 등장했다. 이들은 경제적 방식으로 대량 건설을 주도하면서 전통적 건축가의 역할을 위협했다. 말하자면 건축주와 건축가, 장인의 전통적 관계가 깨지면서 누가 어떻게 건축을 통제하느냐의 문제가 생긴 것이다. 여기서 건축가는 디자인 디서플린을 바탕으로 건축주와 장인 사이에서 중간자 역할을 하는 전문적 서비스의 성격을 발전시켰다. 즉 근대화 과정에서 건설이 산업화되면서 건축은 디자인을 중심으로 하는 전문직 서비스로 발전한 것이다.

　　반면 한국은 근대화 과정에서 건축을 전문직 서비스가 아닌 산업논리로 접근했다. 디자인에 관한 전문적 지식체계가 없으니 건축설계는 자연히 산업 논리에 영향받을 수밖에 없었다. 산업화는 생산 활동의 분업화, 기계화, 조직화, 능률화를 통한 수공업적인 생산으로부터 공장 생산으로의 변화를 의미한다. 이를 통해 제품 생산의 효율성을 높이고 이익을 추구한다. 한국에서 건축설계업은 전문직 서비스보다는 이와 같은 생산의 조직화, 분업화, 효율화라는 산업적 측면에서 발전했다. 건축의 산업화는 건축 생산의 전통적 기반이 무너지고 건축이 전문직으로 정립되지 않은 상황에서 급격히 늘어난 건축의 사회적 수요에 대응할 수 있는 효과적 방법이었다. 이는 문화적 전통 없이 근대화를 겪은 한국건축의 당연한 역사적 귀결이라고 볼 수 있다.

## 대형 설계사무소의 기원과 성격

한국에서 건축이 산업으로 발전한 것은 한국의 대형 건축설계사무소의 성장 과정을 보면 명확해진다. 우선 한국 정도의 국가 규모에서 지금과 같이 많은 수의 대형 설계사무소가 존재하는 것 자체가 서구의 기준에서 보면 매우 특이한 현상이다. 현재 우리나라 건축설계산업의 매출 약 30퍼센트를 전체의 1.3퍼센트에 해당하는 100인 이상의 대형 사무실이 차지한다고 한다. 건축이 개인 건축가가 제공하는 전문직 서비스로 성장하지 못한 것이다.

우리나라의 대형 설계사무실은 대부분 주택공사, 은행 등 공조직에서 출발하여 건설 산업과 연결된 인맥을 바탕으로 특혜를 받으며 성장했다. 70년대 이후 주택 건설과 도시 개발을 민간건설 자본에 의존하면서 건축의 공적 시스템은 해체되었고 민간 건축시장은 급성장했다.

이 와중에 주택공사와 같은 공조직 출신 건축가들이 독립하여 아파트 설계시장을 장악했고 이를 바탕으로 자본과 기술을 축척하면서 대형 사무소로 성장하였다.

이러한 과정은 초기 산업화 과정에서 특혜를 받아 성장한 우리나라의 대기업과 유사하다. 우리나라의 대형 사무실 가운데 아틀리에 건축사무실로부터 성장한 설계사무실은 '공간(空間)'과 '㈜엄&이 건축' 정도인데 그나마 이들 사무실은 지금 어려운 상황에 있다. 대형 사무소들은 밀려드는 건축 수요에 따라 대형화되면서 건축설계 과정의 분업화, 능률화를 추구했다. 이들의 설계 과정은 공장과 같이 분업화되어, 계획을 담당하는 부서와 실시설계를 하는 곳이 나누어지고, 실시설계는 다시 외부 하청을 주기도 한다. 또 감리 부분은 별도의 사업조직으로 완전히 분리되어 있다. 이처럼 한국의 대형 설계사무소가 기업화된 조직의 형태를 갖춘 것은 산업적 측면에서 건축의 사회적 수요에 대응한 결과라고 할 수 있다.

이런 사례를 서양에서는 찾아보기 어렵다. 서양에도 직원이 수백 명에서 수천 명에 이르는 대형 설계사무실이 있지만 이들은 대개 개인 건축가의 아틀리에로로부터 성장한 것이며 사무실 조직도 그러한 성격을 반영한다. 19세기 말 미국에서는 일부 건축사무실이 대형화되면서 소규모 아틀리에 전통을 벗어나 비즈니스로서의 건축을 추구했다. 미드 맥김 화이트Mead Mackim and White나 번함 오피스Burnham Office는 100~150명을 유지했다. 그래도 이들은 명목상으로는 건축의 사회적, 윤리적, 환경적 가치를 내세웠다. 물론 이들 또한 사무실이 대형화되면서 점차 디자인과 엔지니어링, 경영이 분리되었고 설계, 기술, 관리에 대한 책임 분할이 이루어졌다. 이에 따라 설립자는 기업가나 경영자로 변신했다. 하지만 분업의 형태는 한국의 대형 사무실과 다르다. 미국의 대형 사무실은 건축가 중심으로 설립되고 성장했기 때문에 책임 건축가인 파트너 중심의 조직으로 분업화되었다.

2000년대 활발했던 대형 공공프로젝트의 턴키방식 발주는 건축사무실의 대형화에 결정적 역할을 했다. 건설회사가 주도하는 턴키 프로젝트는 일정 규모 이상의 인력을 지닌 대형 사무실이 독점했다. 건설사와의 협업에 조직적으로 대응할 만한 여력을 가진 곳은 대형 사무실뿐이었고 이들은 턴키 프로젝트를 통해 그 규모를 더 키워나갔다. 턴키 프로젝트와 함께 한국의 건축설계사무실은 대형 사무실과 소규모 아틀리에로 양극화되었다. 20~30명의 중규모 사무실은 점점 설 자리를 잃고 있다.

대형 설계사무실은 지금 한국의 건축 인력을 빨아들이는 블랙홀이 되었다. 건축학과 졸업생은 대형 사무실에 우선적으로 흡수된다. 대형 사무실에 취업을 못 하면 소규모 아틀리에에서 3~4년 경력을 쌓은 후 대형 사무실에 경력사원으로 들어간다. 대학 졸업 후 대기업에 우선 취업하려는 경향이나 중소기업에서 경력을 쌓은 사람들이 대기업으로 이직하는 구조와 유사하다. 소규모 개인 건축사무소 소장들은 일을 시킬 만하면 대형 사무실로 이직하니 소규모 사무소가 무슨 직업훈련소냐고 하소연한다. 한국에서 건축은 개인의 전문직 서비스가 아닌 산업이다.

최근 대형 사무실들은 현상설계를 할 때 컨소시엄을 결성하기 시작했다. 프로젝트에 따라 대형 사무소들이 각자의 장점과 실적을 조합하여 합종연횡하면서 팀을 만들어 공동으로 현상설계에 참여하는 것이다. 아마도 건설회사의 턴키 프로젝트 컨소시엄에서 배운 방식으로 짐작되는데, 이것이 대형 설계사무소의 영업 전략으로 활용되고 있는 것이다. 이러한 방식의 설계는 건축사 개인의 전문성과 설계의 크레디트(Credit, 작가로서의 저작권)를 중요시하는 서양에서는 있을 수 없는 일이다. 역시 건축이 산업으로 존재하는 우리나라의 특성을 적나라하게 보여준다.

대형 사무실의 존재와 비즈니스로서의 건축이 꼭 나쁜 것만은 아니다. 산업화에 적응하는 대규모 오피스의 조직화는 어느 면에서 필연적이다. 현대사회의 건축시장은 바뀌었다. 프로젝트의 규모와 복잡성도 커졌다. 소규모 사무소에서는 할 수 없는 일도 많다. 이처럼 복잡하고 큰 프로젝트 시장에서 규모의 경제는 필수적이다. 대형 사무실은 대형 프로젝트를 진행할 수 있는 조직의 효율성과 전문성을 갖추고 있다. 대형 사무실은 복잡한 발주방식에 대응하여 전반적인 프로젝트 서비스를 원스톱으로 제공할 수 있는 장점도 있다.

세계적으로도 대형 사무실의 수는 점점 많아지고 이런 환경에서 일하는 건축사의 수도 점점 많아진다. 대형 사무실 내에서도 프로젝트의 전문화가 이루어져 교회, 병원, 공항과 같은 특별한 분야의 건축을 주로 담당하는 건축사도 생겼다. 심지어 자기가 맡은 전문 분야의 프로젝트만 평생 하는 건축가도 있다. 이것은 전통적인 건축서비스와는 그 성격이 다르다.

## 작가와 작품집

우리나라의 대형 설계사무실에서는 건축설계 과정에 직접 참여하지 않는 대표나 임원들이 그 회사에서 설계한 건축물에 대한 크레디트를 갖는다. 회사에서 설계한 건축물이 건축상을 받으면 회사 대표나 임원들이 돌아가며 나누어 갖는 것이 일반적이다. 또 설계사무실의 대표가 회사에서 설계한 건축물을 가지고 자신의 이름으로 작품집을 내기도 한다. 서구의 전통에서는 이해하기 어려운 일이다.

우리나라에서도 이런 문제에 대한 비판이 심심찮게 제기된다. 설계를 직접 하지도 않은 사람이 설계자로 대우받는 것은 있을 수 없는 일이라고 비판한다. 그러나 건축을 산업으로 이해하면 이런 논란은 쓸데없는 일이다. 산업의 관점에서 보면 대형 사무실의 작품집을 회사의 제품 카탈로그나 마찬가지로 볼 수도 있다. 이것을 회사 대표 이름으로 출판하는 것도 굳이 문제될 이유는 없다.

실제로 대형 사무실의 프로젝트 진행 과정은 어느 한 건축가의 작품으로 보기에는 어려운 측면이 있다. 여기서 개별 디자이너의 이름은 아틀리에에서처럼 중요하지 않다. 최근 베니스 비엔날레의 한국관 출품 작가에 관한 논란이 있었다. 전시작가에 대형 설계사무실 대표들이 포함된 것을 두고 건축계 일부에서 자격에 관한 시비를 걸었다. 그러나 건축이 산업으로 존재하는 한국에서는 무턱대고 흥분할 일이 아니다.

## 턴키-텍처의 한계와 가능성

대형 설계사무소가 독점하는 턴키 프로젝트의 건축설계는 턴키-텍처

Turnkey-tecture라고 부를 수 있을 만한 디자인 특성을 보여준다. 턴키-텍처에서는 앞에서 말한 설계의 주제화가 극단적으로 표현된다. 형태는 최신 유행하는 유선형이나 예리한 형태모티브를 차용한 세련된 디자인으로 만들고, 개념은 알기 쉬운 주제어로 포장하는 것이다. 이러한 턴키-텍처는 건축의 디서플린이 약한 한국에서 건축이 산업적으로 시장에 대응하기 위한 디자인 전략으로 유용하다. 세련된 형태모티브와 표피 이미지를 갖다 붙이는 방식이 잘못되었다는 뜻이 아니다. 서양에서도 르네상스 이후 기존의 형태언어를 차용하는 것이 지배적인 설계 방법론이었다. 다른 점은 서양의 경우 그 문법을 체계화하고 이론화했다는 것이다.

턴키-텍처는 우리나라의 다른 산업과 마찬가지로 원천기술보다는 모방의 결과이다. 디자인을 산업의 관점으로 접근하기 때문에 건축물을 하나의 상품으로 다루며 이를 효율적으로 디자인한다. 이러한 접근은 한국의 다른 산업처럼 경쟁력을 가진다. 대형 사무실은 제품 생산에 적용되는 분업화와 효율성의 논리를 건축의 설계 과정에도 도입시킨다. 따라서 기획과 디자인, 시공도면 작성, 상품화와 소비 마케팅 등이 모두 하나의 효율적 시스템으로 조직화되고 관리된다. 심지어는 건축 디자인 자체도 상품 마케팅의 논리가 주도한다. 한국의 대형 사무실처럼 단기간에 일정 수준 이상의 디자인을 생산해내는 설계사무실은 아마 세계에 없을 것이다. 한국의 대형 사무실이 생산하는 디자인은 최고 수준의 독창적인 디자인은 아닐지라도 비교적 짧은 기간에 일정 수준 이상을 생산해내는 점에서 시장 경쟁력이 있다. 문제는 턴키-텍처의 장점을 유지하면서 약점을 보완하는 일이다.

한국건축의 약점은 원천기술이 취약하다는 것이다. 이것은 역시 건축담론의 부재에 그 근본적 원인이 있다. 원천기술을 확보하는 것이 한국 기업의 숙제인 것처럼 창의적인 디자인 담론 구축이 한국건축의 과제다. 그러나 기업화된 한국의 대형 사무소에는 이론화 능력이 부족하다. 이론화 능력이나 실험적 작업이란 관점에서 보면 대형 사무소보다는 중소규모의 아틀리에 사무실이 더 경쟁력 있다. 그러므로 턴키-텍처를 주도하는 대형 사무실과 원천기술을 창조하는 소형 사무실을 잘 연결할 필요가 있다. 이것은 한국 경제의 근본을 강화시키기 위해 중소기업을 육성해야 하는 것과 같은 논리다. 건축에서도 소규모 아틀리에와 대형 사무실이 상생할 수 있는, 건강하고 지속가능한 기업 생태환경을 만드는 것이 필요하다. 개인 건축가의 경쟁력 없이 대형 사무실의 경쟁력을 기대하기는 어렵다.

지금까지 건설 주도로 산업화된 한국의 건축은 이제 한계에 도달해 보인다. 국내 건설 수요는 이미 포화 상태에 이르렀다. 이제는 건설 위주가 아닌, 새로운 방식의 건축으로 무장하고 새로운 건축시장을 개척해야 할 시점이다. 건설에서 건축으로의 패러다임 전환이 필요하다. 이때 소규모 아틀리에는 지금까지는 아무렇게나 지어지던 작은 프로젝트에 개입하여 구체적이고 섬세한 공간 환경을 창조하는 새로운 건축시장을 개척할 수 있다. 대형 사무실은 대규모 프로젝트를 통해 해외시장에 진출하고 건설 관리와 부동산 기획, 개발까지 연관 산업을 확장하여 건축서비스의 부가가치를 높이는 산업화 전략을 추구할 필요가 있다.

산업으로서의 건축, 혹은 건축의 산업화는 디자인 디서플린이 중심이었던 건축의 전통에서는 볼 수 없던 현상이다. 하지만 이는 비단 한국에서만 일어나는 현상은 아니다. 서양건축도 점점 이러한 경향으로 나아가고 있다. 우리는 건축가에 대한 과거의 영웅주의적 이상을 벗어나 좀 더 현실적이 되어야 한다. 그리고 현실에서 새로운 가능성과 기회를 찾아야 한다. 이것이 더 필요한 일이다. 이런 관점에서 개인의 전문직 서비스라는, 건축가의 전통적 역할을 벗어날 필요가 있다. 건축 실무의 새로운 모델을 찾는 것이다. 그러나 이 모든 것은 우리 사회에서 건축의 정체성을 바로 세우고 난 후에야 가능한 일이다.

# 한옥의 산업화
# 다르게 보기

최근 한옥에 대한 관심이 높아지자 정부에서 한옥을 산업화하여 21세기의 새로운 주거유형으로 대량 공급하겠다고 한다. 이와 관련해 여기저기 떠들썩하지만 무언가 잘못돼 보인다. 한옥은 오랜 시간에 걸친 진화의 산물이지만, 1960년대 이후 그 진화는 계속되지 못했다. 전통한옥은 이미 과거의 양식일 뿐이다. 물론 과거 양식이라고 해서 건축으로서 가치가 없다는 뜻이 아니다. 다만 현재 일상적으로 지어지는 양식이 아니라는 말이다. 그리고 한옥의 진화가 멈춘 데는 분명한 이유가 있다.

## 개량한옥은 왜 사라졌을까?
1930년대 지어진 서울 북촌의 개량한옥은 근대화 과정에서 한옥이 적응한 진화의 산물이다. 부재가 가늘어지고, 서까래가 짧아지고, 장식이 변하고, 목구조가 합리화되고, 유리·벽돌·함석판이 건축에 사용되었다. 여기에 도시 근대화 과정에서 골목과 마당으로 연결된 집합 주거단지의 독특한 도시공간 조직을 형성했다. 이러한 개량한옥은 한옥이 근대적 환경에 적응하며 발전한 결과로 한국 근대건축의 역사에서 매우 의미 있는 성취였다. 영단주택, 국민주택, 문화주택, 집장사 집, 그리고 아파트가 지어지는 가운데에도 개량한옥은 1960년대까지 지어졌다.

한옥의 건축 유형이 사라진 것은 1960년대 이후 도시계획의 근대화와 건설의 산업화 과정에서다. 우선 목재의 부족으로 조적조가 보편화되었고 후에 철근 콘크리트로 구조가 변했다. 그리고 1963년에 〈도시계획법〉 및 〈건축법〉이 제정된 후에는 새로운 법체계 때문에 도시형 한옥이 더 이상 생산될 수 없었다. 골목길은 차가 다닐 수 있는 소방도로여야 하고 주차장이 확보돼야 했다. 또한 집마다 화재와 분쟁을 예방하기 위해 대지 경계로부터 1미터씩 공간을 확보해야 했으므로 고즈넉한 골목길이니 내밀한 사적 통로인 마당이 있는 도시 한옥은 사라질 수밖에 없었다.* 전통한옥은 전통적 생활방식과 수공예적 생산에 바탕을 둔 것으로 생산양식과 유형적 한계 때문에 급격한 도시 근대화와 건축의 산업화 과정에서 도태될 수밖에 없었다.

현재 남아 있는 한옥을 보존하는 것은 백 번 옳다. 우리가 살아온 흔적이기 때문에 그것을 지키고 가꾸는 것이 필요하다. 또 정부에서 특정 지역의 한옥을 보존하기 위해 지원하는 것도 이해할 수 있는 일이고 그래야만 한다. 그러나 많은 돈을 투자하여 전통한옥을 산업화하여 대량 보급하겠다는 발상은 문제가 있다. 개인 건축주의 취향에 따라서 전통한옥을 짓는 것은 얼마든지 좋은 일이고 권장할 만한 일이지만 국가

---

* 최명철, 「고즈넉한 골목길 살짝 숨은 마당 현행법으론 한낱 꿈」, 『중앙선데이 매거진』, 2013. 1. 13.

**가회동의 개량한옥**

1960년대까지 개량한옥은 꾸준히 지어졌다. 그러나 도시계획의 근대화와 건설의 산업화 과정을
거치면서 서서히 사라지기 시작했고, 새로운 법체계가 생기면서 더는 생산되지 못했다.

에서 한옥을 산업화하여 현대의 대중주택으로 공급하겠다는 것은 이해하기 어려운 발상이다.

우선 여기서 말하는 한옥의 정의가 불분명하다. 한옥이란 무엇인가? 국가한옥센터에서 발행한 자료에 따르면 현대한옥은 "최소한 기둥·보·지붕틀은 (전통)목구조여야 하고 한식 기와에 외관은 전통양식에 따라야 한다." 즉 한옥의 산업화란 이미 양식적으로 전형화된 전통한옥의 부재를 표준화, 현대화하여 산업적으로 생산한다는 것을 의미한다. 그래서 생산 단가를 낮춘다는 것이다. 도대체 이게 무슨 의미가 있을까? 이미 전형화된 과거의 형태양식을 그대로 유지하며 현재에 생산하는 것이라면 민속촌과 같은 한옥마을, 혹은 디즈니랜드를 만드는 일과 다르지 않다. 다만 그 생산방식을 좀 더 산업화하여 건설비를 줄이겠다는 것 이상이 아니다.

한때 우리는 근대적 재료와 기술로 전통양식의 형상만을 재현하는 일을 허구적이고 거짓된 일이라고 맹렬히 비난했었다. 그런데 지금 한옥을 산업화하여 공급하겠다는 것은 그것과 무엇이 다른가? 우리는 건축의 정직성을 말하면서 근대적 재료와 시공법을 사용한 전통건축의 양식적 모방을 얼마나 조롱했던가? 산업화를 통해 전통양식을 재현하여 생산하겠다는 것은 모순이다. 주택공사에서 하겠다는 한옥아파트도 도무지 이해가 되지 않는다. 건축의 외부 형태와 공간 구조는 기존 아파트와 똑같은데 한옥의 실내 이미지만 있을 뿐이다. 이것은 한옥 취향의 인테리어에 불과하다.

## 한옥의 부활에 담긴 의미

최근 한옥에 대한 관심은 어떤 면에서 보면 18세기 말 유럽에서 등장한 고딕 부흥과 유사하다. 당시 유럽에서는 급격한 근대화와 산업화를 거치는 과정에서 나타난 일종의 노스탤지어로 전근대적 공동체 사회를 반영하는 고딕 취향이 유행했다. 그러나 고딕은 이미 지난 과거의 양식으로 당시 고딕 부흥은 유럽건축의 탈역사적 절충주의 시대의 시작을 알리는 서곡에 불과했다. 유럽의 건축가들은 이후 양식적 혼란을 극복하고 근대의 시대정신을 반영하는 새로운 근대건축양식을 창조하기 위한 노력을 계속했다. 그리고 이는 유럽에서 근대건축운동의 역사를 형성했다.

최근 우리의 한옥 취향도 이와 같은 맥락이다. 그동안의 압축적 근대화 과정을 지나 조금 여유가 생기면서 아파트 위주의 삭막한 도시 환경에서 벗어나 땅과 하늘, 자연의 여유, 과거의 향수를 느낄 수 있는 전통한옥에 대해 관심을 갖기 시작했다. 이것은 전원주택, 귀농과 같은 우리 사회의 전반적인 탈도시 현상과 맥락을 같이 한다. 이러한 한옥 취향은 삭막한 도시 생활로 쌓인 불만에 위안이 될 수는 있지만 과거 양식의 부흥이라는 점에서 현재 우리 건축에 대한 궁극적 대안이 될 수는 없다. 한옥 취향은 현대 한국건축을 전통으로 착근시키는 것이라기보다는 탈역사의 시대에 나타난 또 하나의 새로운 양식적 취향, 새로움에 대한 욕망의 또 다른 표현이다. 이것은 문화로서의 건축과는 동떨어진 것이다.

우리에게 필요한 것은 탈역사화된 한옥 취향의 대중화가 아니라 한국적 정서가 담긴 현대건축과 주거 유형을 창조하는 일이다. 이를 위해서는 산업화를 통해 한옥양식을 부흥시킬 것이 아니라 산업화와 근대적 환경에 적응한 현대화된 한옥이 필요하다.

## 건축의 산업화 vs. 한옥의 산업화

건축의 산업화는 실상 서구 근대건축운동의 중심 주제 가운데 하나였다. 그로피우스나 르코르뷔지에가 추구한 근대건축은 산업화에 적응할 수 있는 디자인을 창조하여 근대의 새로운 전형을 만드는 것이었다. 그러나 한옥의 산업화는 산업화할 수 있는 새로운 건축의 유형을 만드는 것이 아니라 이미 완성된 과거의 양식을 산업화하겠다는 점에서 역설적이다. 이것은 우리가 건축을 디자인의 문제가 아니라 기술과 상품의 논리로 접근한다는 사실을 다시 한 번 상기시킨다. 건축(이 경우 한옥)을 하나의 제품으로 보는 것이다. 그래서 산업화를 통해, 기술 개량을 통해 생산 단가를 낮추어 대량 공급하겠다는 것이다. 즉 한옥의 산업화는 건축의 논리가 아니라 산업과 상품의 논리에서만 이해 가능한 발상이다. 이러한 한옥은 진짜가 아닌 시뮬레이션과 같다. 여기에 문화로서의 건축은 없다. 한옥의 산업화를 통한 역사의 현재화는 역사의 상품화일 뿐이다.

물론 한옥은 이미 어느 정도 산업화되어 있고 한옥 건설은 지속적으로 산업화의 과정을 밟고 있는 것이 사실이다. 현대건축의 생산체계가 이미 산업화되었기 때문에 지금은 과거와 같이 순수하게 수공예적 방식으로 한옥을 짓지는 않는다. 그러나 거기까지다. 전통한옥은 형태 유형 자체가 수공예적 생산양식에서 발전된 것이기 때문에 상대적으로 건설비용이 많이 들 수밖에 없다. 한옥의 형태 유형이 고정되어 있는 한 일상적 대중 주거양식으로 보급되기는 어렵다. 부재의 대량 생산과 시공방식의 산업화 정도로는 현대사회에서 한옥이 실용적, 경제적 한계를 극복할 수 없다.

## 현대한옥 또는 한옥의 현대화

전통건축은 보존해야 한다. 그리고 하이엔드의 특화된 시장으로서 전통한옥은 계속 지어지고 건설방식도 변할 것이다. 그러나 현대한옥은 전통한옥의 형태 유형을 벗어나 진화해야 한다. 이미 유형화된 전통한옥의 산업화가 아니라 전통건축을 재해석하고 현대적 기술과 재료로 한옥의 장점을 살리는 디자인을 창조해야 한다. 즉 한옥의 현대화를 이루어야 한다.

한옥의 현대화란 전통한옥의 형태 유형을 그대로 유지한 채 산업화하는 것이 아니다. 먼저 해야 할 것은 한옥의 특성을 이루는 형태 요소와 공간 구조, 환경 조절의 원리, 재료, 디테일 등의 여러 요소 가운데 살려야 할 것과 아닌 것을 구별하는 한옥에 대한 반성과 성찰이다. 즉 한옥의 이론화가 선행되어야 한다. 한옥의 장점은 대개 소프트한 것이다. 그것을 발생시키는 도시 조직을 유지하는 것도 중요하고, 현대적 문맥과 생활 세계의 변화와도 타협해야만 한다.

현대한옥은 과거 유형의 모방이 아니라 현대적 재료와 기술을 사용하고 경제적이어야 하며 현대적 기능성을 가져야 한다. 그러면서도 전통한옥의 정취와 감성을 살려야 하며, 현대적 재료 안에서 옛것의 감수성을 느낄 수 있어야 한다. 전통적 형태와 현대적 재료의 혼합을 통한, 과거와 현대의 대화와 협상이 필요하다는 말이다. 흔한 말로 멀리서 보면 전통적이지만 가까이서 보면 현대적인, 그러나 안에서는 전통의 향취가 있는 새로운 디자인이 요구되는 것이다. 이를 위해서 1950년대 미국에서 시도했던 산업화 주택 디자인인 케이스 스터디 주택<sup>case study</sup> house을 참고할 수 있다. 즉 건축가들에 의한 케이스 스터디 한옥 실험이 필요하다. 이를 통해 산업적 재료를 이용하여 경제적으로 생산할 수 있는 새로운 한옥이 창조되어야 한다. 과거 유형의 산업화가 아니라 산업화될 수 있는 새로운 주택 디자인이 필요한 것이다.

**미국의 케이스 스터디 주택**
케이스 스터디 주택은 많은 주택 수요에 대응할 수 있는 저렴하고 손쉬운
주택 디자인을 개발함으로써, 현대 주택의 대안을 마련했다.
우리도 케이스 스터디 한옥 실험을 통해 한옥의 현대화를 이루어야 할 때다.

조금만 눈을 돌려 우리나라 지역건축의 현실을 보자. 종류를 헤아리기도 어려운 무국적 양식의 주택들로 들어 차 있는 전국의 마을들을 보라. 새마을운동으로 초가지붕이 함석지붕으로 바뀐 이후 한국건축은 얼마나 진화했던가. 거기에 정부는 얼마나 많은 연구와 노력을 투자했던가. 그 결과가 지금 우리 지역건축의 현실이다. 정부에서 해야 할 일은 전통한옥의 산업화를 통한 대량 공급이 아니라 현재 존재하는 지역건축을 연구하여 진정한 현대 한국주택의 진화를 지원하는 일이다. 이 과정에서 한옥의 장점을 최대한 살려 계승하면 그것이 새로운 한옥, 현대한옥이 된다.

예컨대 평당 2000만 원 하는 전통한옥을 산업화를 통해 반값으로 할 수 있다면 평당 400~500만 원 하는 일반 주택건축을 산업화와 표준화를 통해 반값으로 하는 것이 더욱 쉽고 필요한 일 아닌가? 전통한옥의 재현이 아닌, 진정으로 현대적으로 진화된 새로운 한옥이야 말로 한국건축에 정체성을 부여해줄 수 있는 현대한옥의 유형이 될 것이다.

공공에서 해야 할 일은 이러한 연구를 통해 지역에 건설될 수 있는 수준 높은 표준 주택의 설계와 매뉴얼을 만들어 보급하고 지원하는 일이다. 그리고 그 디자인은 현재적 재료와 지역의 문맥, 전통적 정취를 반영하는 실용적인 것이야 한다. 이것이 진화하면 바로 현대한옥, 신한옥이 된다. 이런 일은 하지 않으면서 많은 예산을 들여 이미 진화가 끝난 전통한옥을 산업화하여 대량 생산 및 보급하겠다는 발상은 이해하기 어렵다. 이것은 극단적으로 보면 일부 학자들의 연구 영역과 연구비 확장 외에 별 의미가 없어 보인다.

### 건축가 임형남, 노은주의 금산주택

금산주택은 한옥을 현대화한 예이다. 한옥의 장점을 살려 계승한
현대 한국주택이 바로 현대한옥이다.

# 건축의
# 이론화

서구에서 발전된 건축은 집 짓는 일이 인문적 지식으로 체계화된 것이다. 한마디로 하면 실무적 이론이라고 말할 수 있다. 비트루비우스가 설명한 건축과 르네상스 이후 발전해온 건축의 개념이 그렇다. 서양에서 르네상스가 중세의 고딕을 정복한 것은 건축을 이론화했기 때문이다. 밀교적으로 전수되었던 중세 장인의 건축술은 알베르티 같은 르네상스 건축가가 저술한 이론서와 그 사회적 영향력에서 비교가 안 되었다. 특히 인쇄술의 발전은 당시 새로운 건축 규범과 이론을 전파하는 데 결정적 영향을 미쳤다. 서양에서 건축이 공예술과 장인의 기예와 구별된 중요한 조건이 건축의 이론이다. 그래서 서양에는 지금도 이론가로서의 건축가 전통이 있다. 디자인 이론을 제시하는 현대건축의 관습도 이런 서구적 전통에 그 기원을 둔다.

　서양건축이 그동안의 역사적 변화에 적응하면서 역동적으로 발전해올 수 있었던 것은 건축이 이론화되었기 때문이다. 건축의 이론화는 서양건축이 지금까지 변화하고 발전해온 원동력이다. 이론은 건축 실무가 변화하고 발전하는 도구이자 수단이다. 이론의 발전을 통해 건축 실무는 변화된 환경에 대응할 수 있다. 수천 년 동안 축적되어온 다른 고대문명의 뛰어난 건축술, 예를 들면 중동이나 동양의 건축술이 역사의 변화에 대응하면서 지속적으로 진화하지 못한 데는 건축이 이론화되지 않았던 이유가 크다. 그래서 건축의 이론화는 중요하다. 이론을 통해 건축은 변화된 환경에서 인간과 자연, 개인과 공동체 사이에 새로운 관계를 맺고 소통할 수 있다.

그러나 한국에서는 건축이 이론화의 대상이 된 적이 없다. 학문으로서 건축의 전통도 없었다. 생활을 지배하는 공유된 사상과 질서가 있고 그것이 고도의 상징체계를 이루면서 건축에 반영되었지만 학문적 체계를 갖춘 건축이론으로 발전하지 않았다. 근대 이후 서양의 건축이 한국에 도입될 때도 디자인에 관한 이론이 체계적으로 도입되지 못했다. 그래서 그 여파가 지금까지 계속된다. 그러므로 한국 현대건축이 지금의 한계를 넘어서기 위해서는 이론화가 필수적이다. 이런 점에서 인문학적 건축을 주장하며 건축의 이론화를 지향하는 건축가와 학자 들의 작업은 의미 있는 일이다. 다만 이런 노력이 개인적 차원에 머문다는 것이 문제다.

## 한국 전통의 이론화
어떻게 하면 한국 현대건축이 개별성을 넘어서 사회적 소통과 동의를 이루어낼 수 있을 것인가. 과거 건축에는 비록 이론화되지는 않았어도 공동체적 삶의 지혜가 담겨 있었다. 그러나 기능주의적, 공학적 합리성에 의존하는 한국의 현대건축에는 이러한 건축의 지혜가 없다. 엘리트 건축가들은 이에 대항하여 개인적 의도와 작품성을 강조하지만 건축에 관한 공동체 규범이 없는 상태에서 개인주의는 과도한 제스처일 수밖에 없다. 현대건축이 개인적 취향을 넘어 공동체적 가치와 질서를 부여하기 위해 기댈 수 있는 것은 역시 한국건축의 전통 또는 한국성이다. 한국 전통건축에는 오랫동안 축적되어온 이 땅의 조건에 맞는 건축의 원리와 지혜가 내재해 있다. 그래서 한국건축을 이론화하는 것이 가능하다. 아직 이론화되지 않은 한국건축은 어떤 면에서는 발견해야 할 의미의 보고다.

한국 전통건축은 서양의 건축과는 전혀 다른 문화적 패러다임 속에 존재해왔다. 그래서 서양건축의 개념과 원리를 그대로 적용하여 한국 전통건축의 본질을 해석하거나 원리를 정의해서는 안 된다. 그러나 한국 전통건축에 내재하는 원리를 현대건축의 도구적 개념과 언어를 이용하여 이론화할 수는 있다. 이것은 전통건축의 본질에 대한 탐구라기보다는 전통건축의 현대적 해석이다.

현재적 관점에서 과거나 주변 건축을 이론화하는 것, 즉 과거 건축의 현대적 이론화는 서양건축 역사에서도 흔한 일이다. 르네상스는 서양건축의 이론적 뿌리인 고전건축을 이론화했다. 그러나 서양에서는 고딕이나 픽처레스크picturesque와 같은 토착건축도 고전건축의 이론적 패러다임 속에서 해석하고 적용했다. 예컨대 고딕건축을 고전적 오더나 기

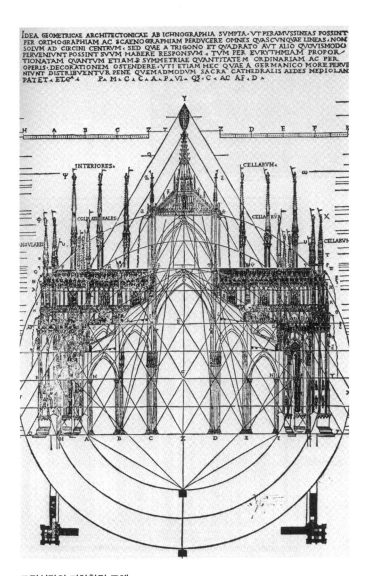

**고딕성당의 기하학적 도해**

서양은 과거 건축의 현대적 이론화를 통해 당대 건축이 직면한 문제를 극복하였다.

하학적 구성 원리로 설명하거나 픽처레스크를 고전미학의 범주로 해석하는 경향이 그것이다. 이들은 당대 건축이 양식적 위기에 직면했을 때 이를 극복하는 대안으로 제시되곤 했다. 그리고 이후 건축의 발전에 공헌하며, 서양건축의 역사를 풍부히 했다. 물론 동·서양건축의 차이는 서양건축의 양식 간 차이보다 훨씬 크다. 그러나 현대건축의 도구적 방법과 어휘로 한국적 내용을 정리하고, 이것을 현대건축에 적용하는 전략은 현대 한국건축의 한계를 극복하고 한국건축을 우리의 문화적 전통에 착근시키는 대안으로 제시될 수 있다.

현재 한국성에 관한 담론들은 너무 추상적이고 관념적인 어휘에 의존한다. 때문에 현대건축에 적용할 수 있는 도구적 이론으로서의 효용성이 없다. 또한 전통건축의 원리에 대한 학술적 분석은 이론화, 개념화가 부족하다. 즉 한국건축에 대한 연구가 현대건축의 도구적 이론으로 연결되지 못하는 것이다. 이러한 상황은 한국의 건축이론이 아직 세계성과 현재성 안에 있지 못하기 때문이라고 생각된다. 다시 말하면 세계건축의 이론적 패러다임과 원리를 우리가 충분히 소화하고 있지 못하기 때문이다. 한국건축의 이론화를 위해서는 먼저 세계건축의 이론과 문제틀이 무엇인지를 분명히 알아야 한다. 그래야만 한국건축을 세계성 안에서 소통할 수 있는 언어로, 도구적 이론으로 말할 수 있게 된다.

## 새로운 건축의 개념

건축의 이론화는 전통과 현대를 포함하는 한국건축의 현실에 근거한 것이어야 한다. 한국의 건축과 서양의 건축은 지금도 그 사회적 존재양식이 다르다. 건축을 생산하는 과정에 개입하는 다양한 사회적 실천의 조직 방식이 다르다는 말이다. 예를 들면, 한국의 건설회사와 같은 건축 생산 주체가 서양에는 없는 것처럼, 건축설계의 사회적 존재양식도 서양과 한국은 좀 다르다. 그러므로 무조건 서양의 건축을 좇아 할 필요는 없다. 먼저 한국건축의 사회적 존재방식에 대한 치밀한 분석과 정의가 필요하다.

건축은 진화한다. 건축의 개념과 이론이 변하고, 건축 실무의 모델도 변한다. 서양의 건축이 고전건축에서 근대건축으로 변화할 때 건축이론과 개념 또한 함께 변했다. 과거엔 오브제적 형태를 의미하던 건축의 개념은 공간, 장소, 분위기, 이벤트 등으로 그 개념이 추상화되고 확장되어 왔다. 그러므로 우리가 과거 서구의 건축 개념에 너무 얽매이거나 그것의 결핍을 슬퍼할 필요도 없다. 우리 건축의 현실에 주목하여 건축을 이론화하고 바람직한 방향으로 발전을 유도하면 된다. 이것이 변증법적 사고다. 이를 통해 오히려 한국건축이 유럽 중심의 건축을 넘어서는 새로운 건축의 이론과 개념을 제공할 수도 있다.

그러므로 한국 현대 도시와 건축 상황을 섣부르게 서구건축의 이론적 관점에서 비평하고 제어하려는 규범적인 접근도 어리석은 일이다. 우리는 새로운 건축의 전통을 만들어가야 한다. 우리가 미처 인식하지 못하는 사이에 한국의 도시와 건축은 진화의 과정을 겪고 있다. 현대 한국의 도시를 만드는 프로세스에는 부정적, 긍정적 측면이 모두 존재한다. 현재 우리 도시를 만들어가는 형태적, 문화적, 사회적, 경제적 프로세스의 현실을 냉철하게 분석하고 이 과정에 개입하여 질서를 부여할 수 있는 도시와 건축의 이론을 만드는 것이 우리에게 맡겨진 일이다. 이러한 도시건축의 이론은 지금까지의 패러다임과는 다른 것이 될 수 있다.

## 한국건축의 새로운 미학

서양에서 건축은 전통적으로 형태언어에 관한 규범이었다. 그러나 현대사회에서 건축은 공동체적 언어 규범을 상실했다. 따라서 어떠한 자기표현적 건축도 너무 강한 형태가 된다. 여기에 현대건축가들의 근원적 고민이 있다. 건축가는 도시의 형태를 컨트롤할 수 있는가? 현대도시에 기념비적, 상징적 건축을 남기는 것은 가능한가? 건축가는 이런 능력이 있는가? 현대도시에 건축을 남긴다는 것은 도대체 무슨 의미가 있는가? 규범의 상실 속에서는 어떠한 흔적을 남기는 것도 어색하다. 눈에 띄는 옷을 입고 자신을 뽐내는 댄디이거나 구경거리 정도의 상업적 이미지일 뿐이다.

어떻게 하면 이 땅에 건축이 존재할 수 있을까? 어떻게 하면 건축물과 도시공간에 질서와 미학적 차원, 나아가 소통 가능한 언어와 규범을 부여할 수 있을까? 이를 위해 서구건축의 미학적 전통에 의지할 필요는 없다. 우리 환경의 작동 원리를 이해하고 거기에 담긴 잠재력을 발견하고 질서를 부여하면 가능할 것이다. 현대 한국사회의 문제는 남에 대한 배려와 공동체적 윤리 규범 없이 자신만을 내세우는 데 있다. 한국건축의 개인주의는 이러한 상황을 그대로 반영한다. 한국건축에 필요한 것은 바로 이웃에 대한 배려, 질서, 공동체 윤리다. 이러한 상황에

**루트비히 힐버자이머의 고층 도시**
힐버자이머는 현대 도시를 전통적 오브제로서의 건축이 사라지고 익명적 단위가 무한
증식하는 기계와 같은 것으로 보았다. 마치 현재 서울의 모습을 예견한 것처럼 보인다.

서 건축가가 사회에 공헌할 수 있는 것은 자기 표현적 형태의 디자인보다 공공성을 갖는 장소의 창조다. 도덕적이고 윤리적인 건축은 공간과 형태에서 이러한 프로세스에 순응하는 건축이다. 이웃과의 관계와 지역으로의 순응성을 강조하고, 형태적으로는 가능하면 강한 상징성을 피하는 것이 바람직하다.

현대건축의 이론은 점점 형태보다는 반형태, 재현보다는 비재현성, 시간성, 조직적 과정, 작동성과 같은 비가시적 원리로 옮겨가는 경향이 있다. 이런 변화는 자기 표현적 형태보다는 장소성과 경험에 바탕을 둔 건축의 새로운 윤리와 가치를 정립할 가능성을 보여준다. 이것은 한국

**선유도 공원**
선유도는 강한 상징을 앞세워 자신을 내세우지
않는다. 선유도가 좋은 건축으로 지목되는
이유는 약한 형태의 대표적 건축이기 때문이다.

전통건축이 가진 미학적 원리인 '관계'이다. 우리는 주변과의 관계, 이웃과의 관계, 건물과의 관계, 자연과의 관계를 전통건축에서 배울 수 있다. 우리 전통건축에 내재한 관계는 대개가 비가시적이다. 이것이 시각적 형식에 의존하지 않는 한국건축만의 새로운 미학을 발견해야 하는 이유다. 그것은 한국건축에 대한 형식주의적 해석이 아니라 한국건축이 가진 작동적 원리의 이론화여야 한다.

## 기술이 창조하는 새로운 현대건축의 전형

약한 형태를 추구한다는 점에서는 기술의 우위라는 한국 현대건축의 상황이 오히려 다행스러운 일이다. 과거에 건축의 형태와 장식은 구조 및 재료의 구축 디테일과 결합되어 코드화된 것이다. 말하자면 규범화된 기술적 디테일이 곧 장식이었다. 하지만 현대건축은 디자인과 기술 사이의 간격이 커졌고 구조와 형태는 분리되었다. 그러므로 현대건축에서 기술의 규범화를 통해 하나의 양식을 창조하는 것은 근본적으로 한계가 있다. 미스 반데어로에Mies Van der Rohe가 꿈꾸었던 것처럼 현대적 재료와 구축술에 의존하여 전통 목조건축이나 고전건축과 같은 현대건축의 전형을 창조하는 것은 불가능하다.

이것이 극복될 수 있는 것은 역설적이지만 기술이 형태를 지배할 때다. 문제는 오히려 기술이 충분히 발전하지 못한 것이다. 이런 점에서 디자인은 기술의 발전을 유도해야 하고, 진보된 기술의 적용이 디자인의 핵심 주제가 되어야 한다. 새로운 형태 생성의 기술, 설계와 시공의 결합, 디자인과 생산의 연결이 허용돼야 한다. 이러한 과정은 공간과 형태, 구조의 새로운 조직화를 통해 건축의 새로운 전형을 창조할 가능성이 있다. 건축은 사회를 위해 존재하지 건축가를 위해 존재하지 않는다.

## 한국건축의 새로운 타이폴로지

건축이 문화로 존재할 때에는 유형화에 이르게 된다. 유형은 문화적 의미가 있는 반복 가능하고 지속성 있는 형태이며, 건축의 프로그램이 바뀌어도 그 형태적, 공간적 질서가 유지된다. 현대건축의 다양성과 혼돈

속에서도 유형화에 대한 논의가 끊이지 않는 데는 이러한 이유가 있다.

한국의 현대건축에는 유형이라고 할 만한 게 없다. 굳이 한국에서 반복적인 건축 형태가 무엇인지 말하자면 아파트와 익명적 프레임 건축뿐이다. 여기에 표현주의적 건축이 더해진다. 전자는 유형이라고 하기엔 너무 중성적이어서 건축 유형으로서 의미가 없고, 후자는 너무 강한 형태여서 유형으로서 일관성이 없다. 말하자면 한국의 건축은 한편으로는 너무 강한 형태로 존재하고, 다른 한편으로는 너무 약한 형태를 띤다. 결과적으로 한국건축에 유형은 존재하지 않는다. 현대 도시의 공간 프로그램이 갖는 복잡성과 역동적 변화에 대응하면서도 형태적인 질서를 유지할 수 있는 건축의 유형이 없는 것이다. 그래서 프로그램이 바뀌면 건축의 형태도 바뀐다. 일 년에도 수차례 건물의 외관이 바뀌는 경우를 심심찮게 목격한다. 유럽의 건축이 프로그램이 바뀌더라도 형태가 유지되는 것과는 정반대다.

이러한 과정이 계속되어서는 안 된다. 따라서 건축의 새로운 타이폴로지가 필요하다. 이는 현대 도시의 복잡한 삶과 변화를 수용할 수 있어야 하며 형태적 지속성이 있어야 한다. 또한 유연성을 갖되 현재의 중성적 구조 프레임을 뛰어넘어야 한다. 서양과 같은 강한 타이폴로지가 아닌, 약하지만 유연해서 내부와 외부에서의 변화가 모두 가능한 새로운 건축 타이폴로지가 필요하다.

# 에
# 필
# 로
# 그

나는『대한민국에 건축은 없다』가 논쟁적 수사가 아니라 현실이라고 생
각한다. 본래 건축이란 디자인과 그 실현(건설)에 관한 전문 영역이다.
이러한 의미의 건축이 한국에는 학분석으로, 제도적으로, 문화적으로
존재하지 않는다. 이 땅의 건축가가 건축과 관련해 일상에서 경험하는
모든 문제와 비상식, 불편함, 부조리는 한국에서 건축의 정체성이 제대
로 정의되거나 제도화되지 않았기 때문에 일어난다.

　이 책에서 다룬 내용은 실상 일부에 지나지 않는다. 미처 쓰지 못
한 일들이 많다. 건축의 일부인 엔지니어링 용역을 건축과 별도로 개별
발주하는 문제, 설계자가 아니라 건설사가 공사비 산정을 주도하고 거
기에 맞추어 재료와 설계를 조정하는 말도 안 되는 일 들이 지금도 벌
어지고 있다. 이는 건설이 건축을 지배하고 설계가 건설의 수단이 되어
버린 우리 건축 현실을 극단적으로 보여주는 한 예일 뿐이다. 막상 글
을 마치고 나니 주변에서 일어나는 우리 건축의 기이한(?) 현실이 더 많

이 눈에 포착된다. 쓰고 싶은 에피소드를 모두 나열하면 끝도 없을 것 같다. 언제 여기에 마침표를 찍을 수 있을까. 여기에 마침표를 찍는 날 이 땅의 건축가와 학자 들은 사회적 소명의식을 갖고 건축을 연구하고 가르치고 실천할 수 있을 것이다. 그러나 낙관적인 미래를 기대하기에 는 현실이 너무 암담하다. 한국건축의 문제는 개선되기는커녕 점점 악 화되어 간다. 건축가들끼리 모여 현실을 한탄하는 것도 이제는 식상한 일이 되어버렸다.

지금과 같은 현실에서 한국의 건축가들은 좌절할 수밖에 없다. 건 축계의 실력이 부족한 것도 문제이지만 건축의 정체성이 법적, 제도적, 학문적으로 바로 세워지지 않은 데 더 큰 문제가 있다. 그러므로 건축 가와 학자 들은 건축의 정체성을 바로 세우는 데 먼저 힘써야 한다. 건 축을 이론화하고 건축의 지식체계를 만들어가는 것은 그 뒤에 해야 할 일이다. 그렇지 않으면 건축을 위한 어떠한 노력도 왜곡될 수밖에 없다.

루카치Gyorgy Lukács는 내용의 논리화로서 형식의 중요성을 강조했다. 이것은 한국건축의 현실에 딱 맞는 말이다. 건축을 발전시키려는 어떤 시도도 현재의 법적, 제도적 틀 속에서는 왜곡될 수밖에 없다. 이 책을 쓴 이유가 여기에 있다. 건축의 정체성에 대한 올바른 이해를 바탕으로 한국건축의 현실을 객관적으로 바라보고, 한국건축이 발전할 수 있는 토대를 마련하자는 것이다.

어쩌면 한국에서 지금 건축의 정체성을 주장하는 것은 이길 수 없는 싸움을 거는 것인지도 모른다. 한국건축은 이미 수많은 이해관계가 복잡하게 얽혀 있는 구조적인 문제여서 해결의 실마리를 찾는 것이 쉽지 않다. 그러나 우리에게는 이러한 문제를 풀 수 있는 건축계의 중심조차 없지 않은가. 게다가 지금은 건축의 역사가 수천 년에 이르는 서양에서조차 건축의 죽음을 이야기하는 시대가 아닌가. 이들은 의미 있는 문화적 오브제로서 건축의 사회적 존재는 이미 용도 폐기되었고, 건축의 사회적 역할은 약화되었다고 주장한다. 너무도 복잡하고 빠른 속도로 변할 뿐 아니라 도구적 기술과 경제적·관료적 과정에 따라 생활세계가 식민화된 현대인의 삶에 건축이 의미 있는 형태를 부여하기 어려워졌다는 것이다. 건축가 렘 콜하스도 현대사회에서는 건축에 작용하는 다양한 사회적 힘이 점점 복잡해지고 강력해지며, 이러한 상황에서 건축가가 도시와 건축에 형태를 부여하는 것은 불가능하다고 말한다.

서양은 과거와 같은 오브제로서의 건축적 전통을 버리고 지금 새로운 전통을 만들어가는 과정에 있다. 그런데 애당초 서양과 같은 건축적 전통이 없는 한국에서 이제서야 건축을 말하는 것은 이미 철 지난 주장을 하는 것이 아닌가 생각할 수 있다. 그러나 복잡한 현대사회와 변화된 건축은 한국과 같이 서구 전통의 건축문화가 없는 나라에 오히려 유리한 환경을 제공한다. 이러한 환경에서 우리는 건축문화를 만들어갈 근거와 문제틀Problematic을 찾고 새로운 건축적 전통을 만들어갈

수 있다. 서구의 전통적인 건축을 따라하자는 것이 아니라 건축의 의미
를 발생시키는 구조와 시스템에 대한 비평과 연구를 통해 건축을 새롭
게 이론화하고 문화로 승화시키자는 것이다. 전통적인 오브제로시의 건
축Architecture이 아닌 생산 시스템과 조직적 규범으로서의 건축architecture 말
이다. 과거의 우리는 건축을 향한 경주에서 출발이 한참 뒤처졌다고 생
각했다. 그러나 이젠 선두와의 간격이 좁혀진 상태에서 경쟁할 수 있게
되었다. 이제 우리는 선택해야 한다. 새로운 문화로서의 건축을 만드는
이 경주에 동참할 것인가, 아니면 그냥 구경꾼으로 남을 것인가. 당연한
일이지만 이러한 선택에는 과감한 자기개혁이 따를 수밖에 없다.

## | 도판 출처 |

### 건축이란 무엇인가?

· 23쪽 왼쪽: CC BY-SA, GNU Free Documentation License Wikimedia commons
· 23쪽 오른쪽: Rudolf Wittkower, *Architectural Principles in the Age of Humanism*, W. W. Norton & Company, 1971에서 인용
· 25쪽 왼쪽: Jacopo Bertoia, *construction of a rotunda*; Louvre, Paris. Photo: Rénunion des musées nationaux. (*The Architect: Chapters in the History of the Profession*, ed. by Spiro Kostof, Oxford univeristy Press, 1977, p149에서 재인용)
· 25쪽 오른쪽: marcel-henri magne, *L'architecte*, ca 1910. (Les dossiers de Musée d'orsay, *La carriere de l'architect au XIX siecle*, éditions de la Rénunion des musées nationaux, 1986에서 재인용)
· 27쪽: *Journal of architectural Education*, Nov. 1979에서 인용
· 29쪽: Manfredo Tafuri, *Architecture and Utopia: Design and Capitalist Development*, MIT press, 1988에서 인용
· 34쪽: Viollet-le-Duc, *Dictionnaire raisonné de l'architecture Française du XI au XVI siècle*, B. Bange, Editeur, 1854에서 인용
· 37쪽: 추사 김정희, 〈수식득격〉, 지본수묵, 27.0 X 22.9cm, 간송미술관 소장
· 50쪽 왼쪽: CC BY-SA, GNU Free Documentation License Wikimedia commons
· 50쪽 오른쪽: CC BY-SA, GNU Free Documentation License Wikimedia commons
· 57쪽: CC BY-SA, GNU Free Documentation License Wikimedia commons
· 76쪽: CC BY, GNU Free Documentation License Wikimedia commons

### 한국에 건축은 없다

· 96쪽: CC BY-SA, GNU Free Documentation License Wikimedia commons
· 101쪽 왼쪽: <Bible Moralisee>의 권두 삽화
· 101쪽 오른쪽: William Blake, <the ancient of the days>, London British museum, 1794.

· 108, 109쪽: '국가과학기술위원회 고시 제2012-4호'에서 인용

· 111쪽: 학술연구재단의 〈학술연구분야분류도(2013년 2월 현재)〉에서 인용

· 113쪽: http://science.thomsonreuters.com/cgi-bin/jrnlst/jlsubcatg.cgi?PC=H

· 119쪽: photo by Pierre Petit, bibliothèque des école des Beaux-arts, ca 1884 (Les dossiers de
   Musée d'orsay, *La carriere de l'architect au XIX siecle* éditions de la Rénunion des musées nationaux,
   1986에서 재인용)

· 135쪽: *La carriere de l'architect au XIX siecle*, 1986에서 인용

· 146쪽: CC BY-SA, GNU Free Documentation License Wikimedia commons

· 149쪽: CC BY-SA, GNU Free Documentation License Wikimedia commons

· · 155쪽: Les dossiers de Musée d'orsay, *La carriere de l'architect au XIX siecle* éditions de la
   Rénunion des musées nationaux, 1986에서 인용

## 한국에 건축은 있다

· 175쪽 왼쪽: Claude Perrault, *Ordonnacne des cinq especes de colonnes selond la mehtod des anciens*,
   Jean Baptiste Coignard, 1683.

· 207쪽: Pierre Patte, *Key Plan of the Monumens eriges en France a la gloire de Louis XV*, 1765.

· 211쪽: Delaire, *les architects élèves de l'ecole des beaux arts, 1793~1907*, Librairie de la construction
   moderne, 1907 (Arthur Drexler, *The Architecture of Ecole des Beaux-Arts*, The Museum of Modern
   Art, 1983에서 재인용)

· 215쪽: CC BY-SA, GNU Free Documentation License Wikimedia commons

· 246쪽: Cesare Cesariano, *edition of Vitruvius*, 1521.
   (Hanno-walter Kruft, *History of Architectural Theory from vitruvius to the Present*, Princeton
   architectural press, 1994에서 재인용)

· 250쪽: Ludwig Hilberseimer, *project for Highrise city*, Groszstadtarchitektur, 1924에서 인용

# 대한민국에 건축은 없다

한국건축의 새로운 타이폴로지 찾기

1판 1쇄 펴냄 | 2013년  7월 20일
1판 2쇄 펴냄 | 2013년 12월 30일

**지은이** 이상헌
**펴낸이** 송영만
**디자인 자문** 최웅림

**펴낸곳** 효형출판
**출판등록** 1994년 9월 16일 제406-2003-031호
**주소** 413-756 경기도 파주시 회동길 125-11(파주출판도시)
**전자우편** info@hyohyung.co.kr
**홈페이지** www.hyohyung.co.kr
**전화번호** 031 955 7600 | **팩스** 031 955 7610

ⓒ 이상헌, 2013
ISBN 978-89-5872-120-8 03540

값 16,000원